1+X 职业技术·职业资格培训教材

Windows

四级
第3版

计算机操作员

系统管理

主　编　王崇义

编　者　朱维雄　杨建兵　汤益华

　　　　王煜斌　闵春江

主　审　陈丽娟　张士忠

中国劳动社会保障出版社

图书在版编目（CIP）数据

计算机操作员：四级. 系统管理/人力资源和社会保障部教材办公室等组织编写. —3版. —北京：中国劳动社会保障出版社，2014

1+X职业技术·职业资格培训教材

ISBN 978-7-5167-1559-8

Ⅰ.①计… Ⅱ.①人… Ⅲ.①电子计算机-职业培训-教材 ②计算机系统-系统管理-职业培训-教材 Ⅳ.①TP3

中国版本图书馆 CIP 数据核字（2014）第 289326 号

中国劳动社会保障出版社出版发行

（北京市惠新东街 1 号　邮政编码：100029）

*

三河市潮河印业有限公司印刷装订　　新华书店经销

787 毫米×1092 毫米　16 开本　16.5 印张　295 千字

2014 年 12 月第 3 版　　2014 年 12 月第 1 次印刷

定价：50.00 元

读者服务部电话：(010) 64929211/64921644/84643933

发行部电话：(010) 64961894

出版社网址：http://www.class.com.cn

内　容　简　介

　　本教材由人力资源和社会保障部教材办公室、中国就业培训技术指导中心上海分中心、上海市职业技能鉴定中心依据上海1＋X计算机操作员（四级）职业技能鉴定细目组织编写。教材从强化培养操作技能，掌握实用技术的角度出发，较好地体现了当前最新的实用知识与操作技术，对于提高计算机操作员基本素质，掌握计算机操作员（四级）的核心知识与技能有直接的帮助和指导作用。

　　本教材在编写中根据本职业的工作特点，以能力培养为根本出发点，采用项目和活动的编写方式。全书分为12个项目共计29个活动，内容涵盖：硬件维护——单机故障排除，系统软件维护——操作系统安装，系统软件维护——系统板卡驱动安装，系统软件维护——计算机病毒防治，系统软件维护——硬件性能检测，系统软件维护——系统文件备份与还原，系统软件维护——文件、资料备份与还原，系统软件维护——系统工具的使用，网络简单维护——网络设备连接，网络简单维护——网络设备常用设置及应用，网络简单维护——网络配置与故障排除，网络简单维护——网络设备共享设置等。每个活动由活动背景、活动分析、方法与步骤、知识链接等部分组成。其中"活动背景"介绍学习本活动时的基本场景；"活动分析"介绍学习本活动需要掌握的知识和技能；"方法与步骤"涵盖了本活动的主体内容，是该学习部分的核心；"知识链接"给出相关知识的学习内容。

　　本教材可作为计算机操作员（四级）职业技能培训与鉴定考核教材，也可供全国中、高等院校计算机操作相关专业师生参考使用，以及本职业从业人员培训使用。

改 版 说 明

　　计算机操作员职业以个人计算机及相关外部设备的操作为常规技术和工作技能，是国家计算机高新技术各专业模块的基础。随着信息技术的不断发展，计算机操作员的职业技能要求有了新的变化。2014 年上海市职业技能鉴定中心组织有关方面的专家和技术人员，对计算机操作员职业进行了提升，计算机操作员分为五级、四级两个等级，其中四级又细分为系统管理、办公软件应用、文字录入三个方向。新的细目和题库计划于 2014 年公布使用。

　　为了更好地为广大学员参加培训和从业人员提升技能服务，人力资源和社会保障部教材办公室、中国就业培训技术指导中心上海分中心与上海市职业技能鉴定中心组织相关方面的专家和技术人员，依据新版计算机操作员（四级）（系统管理）职业技能鉴定细目对教材进行了改版。新版教材采取"项目"和"活动"的形式，由简到繁、由浅入深，寓教于乐，让学员在场景中逐步学习并领悟计算机操作的原则、方法和技巧。此外，新版教材为了跟上计算机技术的发展和鉴定考试的提升要求，对原教材在内容上也进行了重大调整，重点对硬件维修、系统软件维护、网络简单维护进行了介绍。

前　　言

职业培训制度的积极推进，尤其是职业资格证书制度的推行，为广大劳动者系统地学习相关职业的知识和技能，提高就业能力、工作能力和职业转换能力提供了可能，同时也为企业选择适应生产需要的合格劳动者提供了依据。

随着我国科学技术的飞速发展和产业结构的不断调整，各种新兴职业应运而生，传统职业中也越来越多、越来越快地融进了各种新知识、新技术和新工艺。因此，加快培养合格的、适应现代化建设要求的高技能人才就显得尤为迫切。近年来，上海市在加快高技能人才建设方面进行了有益的探索，积累了丰富而宝贵的经验。为优化人力资源结构，加快高技能人才队伍建设，上海市人力资源和社会保障局在提升职业标准、完善技能鉴定方面做了积极的探索和尝试，推出了1＋X培训与鉴定模式。1＋X中的1代表国家职业标准，X是为适应经济发展的需要，对职业的部分知识和技能要求进行的扩充和更新。随着经济的发展和技术进步，X将不断被赋予新的内涵，不断得到深化和提升。

上海市1＋X培训与鉴定模式，得到了国家人力资源和社会保障部的支持和肯定。为配合1＋X培训与鉴定的需要，人力资源和社会保障部教材办公室、中国就业培训技术指导中心上海分中心、上海市职业技能鉴定中心联合组织有关方面的专家、技术人员共同编写了职业技术·职业资格培训系列教材。

职业技术·职业资格培训教材严格按照1＋X鉴定考核细目进行编写，教材内容充分反映了当前从事职业活动所需要的核心知识与技能，较好地体现了适用性、先进性与前瞻性。聘请编写1＋X鉴定考核细目的专家，以及相关行业的专家参与教材的编审工作，保证了教材内容的科学性及与鉴定考

核细目以及题库的紧密衔接。

　　职业技术·职业资格培训教材突出了适应职业技能培训的特色，使读者通过学习与培训，不仅有助于通过鉴定考核，而且能够有针对性地进行系统学习，真正掌握本职业的核心技术与操作技能，从而实现从懂得了什么到会做什么的飞跃。

　　职业技术·职业资格培训教材立足于国家职业标准，也可为全国其他省市开展新职业、新技术职业培训和鉴定考核，以及高技能人才培养提供借鉴或参考。

　　新教材的编写是一项探索性工作，由于时间紧迫，不足之处在所难免，欢迎各使用单位及个人对教材提出宝贵意见和建议，以便教材修订时补充更正。

人力资源和社会保障部教材办公室

中国就业培训技术指导中心上海分中心

上 海 市 职 业 技 能 鉴 定 中 心

目 录

CONTENTS

CONTENTS

CONTENTS

XIANGMUYI

项目一　硬件维护——单机故障排除

引言

本项目主要介绍微型计算机的主要部件，通过几个项目活动，使学员认识微型计算机的部件，并通过动手安装实践，解决各种装配过程中的问题，掌握检测方法和排除故障的方法。

活动一　识别微型计算机的组件

活动背景

小张刚从计算机专业毕业，进入一家私营企业从事网管工作，主要负责计算机和计算机网络的维护。一天，人事部小陈拿了一台存在无法开机故障的主机来找小张，希望小张修好这台主机并想趁此机会请小张教他认识一下计算机的组成部件。于是小张打开主机机箱，介绍了计算机的各个组成部件。

活动分析

一、活动计划

1. 了解微机的主要组成部分
2. 掌握微机硬件系统的主要组件功能
3. 学会微机与外设设备的连接
4. 掌握微机硬件的主要组件上各部件的作用

二、相关技能

1. 能够了解硬件系统和软件系统的区别
2. 正确说出微机各硬件的名称及作用
3. 认识主机与外设设备之间的连接接口
4. 正确说出主板、内存、显示卡上各部件的作用

方法与步骤

一、显示卡组成（见图1—1—1）

固定片
HDMI接口
VGA接口
DVI接口
GPU
显示卡内存
(PCI-E) 金手指插口

图1—1—1　显示卡

二、内存组成（见图1—1—2）

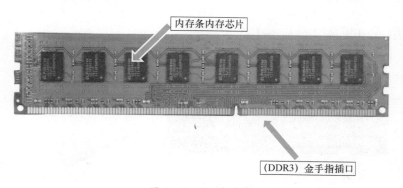

内存条内存芯片
(DDR3) 金手指插口

图1—1—2　内存条

三、主板组成（见图1—1—3）

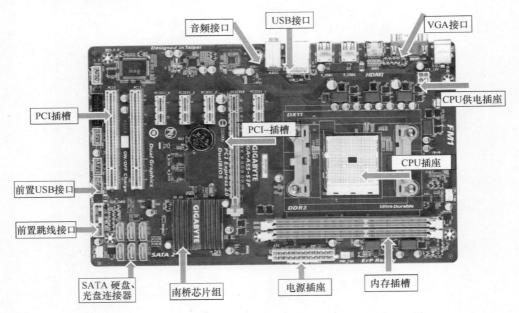

图 1—1—3 主板

四、硬盘组成（见图1—1—4）

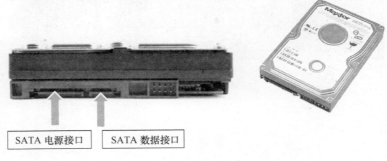

图 1—1—4 硬盘

五、CPU 组成（见图 1—1—5）

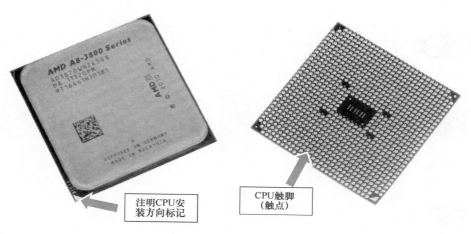

注明CPU安装方向标记

CPU触脚（触点）

图 1—1—5　CPU

六、电源组成（见图 1—1—6）

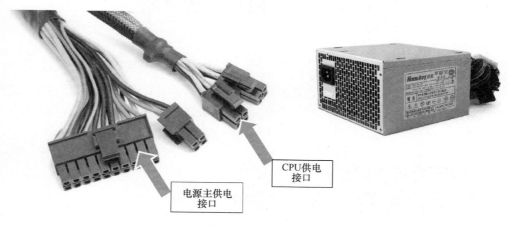

CPU供电接口

电源主供电接口

图 1—1—6　电源

 知识链接

　　显示卡 VGA、DVI、HDMI 三种视频输出接口的区别及优缺点见表 1—1—1。

表 1—1—1   显示卡 VGA、DVI、HDMI 三种视频输出接口的区别及优缺点

图示	接口种类	优点	缺点	建议	输出信号
	VGA	支持高达 1 048×1 536 分辨率，支持热插拔	容易受其他信号干扰，高分辨率下字体有点虚	避免画面受干扰，20 in 以内才使用 VGA	模拟
	DVI	高分辨率下画面更加细腻，不容易受信号干扰	种类多。热插拔有可能烧坏电路	超过 1 920×1 200 分辨率或使用 3D 的话，需使用双通道线材	数字/模拟
	HDMI	可以满足 1 080 P 的分辨率，数字音频格式，可以传送无压缩的音频信号及视频数字信号	线材过度弯曲有可能损坏线路的线芯或屏蔽层。价格较贵	建议有高质量视频及音频要求时使用 HDMI	数字

活动二 检测计算机故障

活动背景

小张向人事部小陈介绍计算机的各个组成部件后，开始计算机故障的诊断，小张开机后微机故障表现为主机面板指示灯亮，机内风扇正常旋转，但显示器无显示。启动时小键盘右上角 3 个指示灯不亮，听不到自检内存发出的"嗒嗒"声和 PC 喇叭报警声。

活动分析

一、活动计划

1. 了解微机硬件的常见故障
2. 了解微机开机的启动流程
3. 掌握微机硬件故障诊断的几种方法

二、相关技能

1. 能够学会通过开机的启动流程来判断硬件故障

2. 了解硬件常见的几种故障

3. 学会根据几种诊断方法来判断硬件故障

方法与步骤

1. 首先微机无法正常启动，肯定是硬件出现故障。

根据一般故障排查原则：先软后硬、先外设后主机、先电源后负载、先简单后复杂。进行排查，找出故障硬件。

2. 检查外设显示器电源是否正常，对比度和亮度是否被调暗，如有必要用替换法确定显示器是否产生故障。小张用无故障显示器替换原显示器，故障依旧。排除显示器故障。

3. 主板上电源指示灯及主机面板指示灯亮，说明主机电源供电基本正常，基本排除主机电源故障。

4. 由于不自检黑屏故障没有任何提示信息，通常只能采用"最小系统法"检查处理。

提示： "最小系统法"是指只保留主板、内存条、CPU、显示卡、显示器和电源等基本设备，通电检查这些基本设备组成的最小系统，经检查确认保留的最小系统仍不能正常工作，可以确定故障原因在 CPU、内存或主板上。

5. 仔细观察换下的内存，发现在内存的金手指上有金属脱落的痕迹，很有可能是内存存在质量问题，找出故障硬件为内存条（内存条出错不一定 BIOS 自检会报警），如图 1—2—1 所示。

图 1—2—1　内存条金属脱落

知识链接

1. 微机的开机流程（见图 1—2—2）

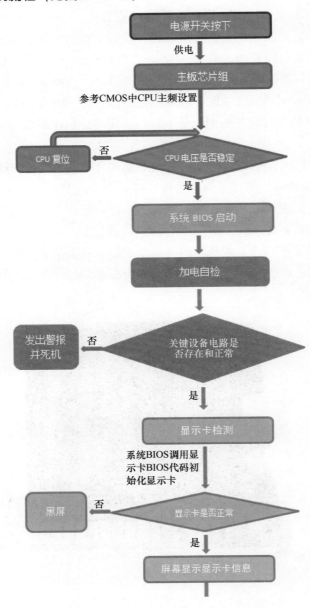

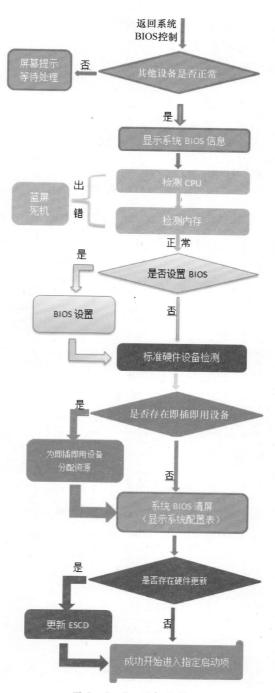

图 1—2—2 开机流程

2. AMI BIOS 及 AWARD BIOS 自检报警提示音

不同厂商的 BIOS 自检报警提示音并不相同，可参考表 1—2—1 和表 1—2—2（随 BIOS 版本不同可能有所改变）。

表 1—2—1　　　　　　　　　　AMI BIOS

提示音	提示信息	建议
1 短	内存刷新失败	更换内存
2 短	内存 ECC 校验错误	对于服务器，应更换内存；如果是普通 PC，可在 CMOS 中将 ECC 校验的选项设为 Disabled
3 短	640 K 基本内存检测失败	
4 短	系统时钟错误	更换主板
5 短	中央处理器（CPU）错误	检查 CPU
6 短	键盘控制器错误	更换主板
7 短	系统实模式错误，不能切换到保护模式	重装系统
8 短	显示卡内存错误	更换显示卡
9 短	ROM BIOS 奇偶校验错误	刷新 BIOS 或更换主板
1 长 3 短	内存错误	检查内存
1 长 8 短	显示卡错误	检查显示卡

表 1—2—2　　　　　　　　　　AWARD BIOS

提示音	提示信息	建议
1 短	系统正常启动	—
2 短	CMOS 奇偶校验错误	可在 CMOS 中将 ECC 校验的选项设为 Disabled
1 长 1 短	内存或主板错误	更换主板
1 长 2 短	显示卡错误	更换显示卡
1 长 3 短	键盘控制器错误	更换主板
1 长 9 短	存储 BIOS 程序的 Flash ROM 或 EPROM 芯片局部错误	刷新 BIOS 或更换主板
不停地（长声）	内存条未插紧或内存条损坏	检查或更换内存条
不停地（短声）	电源	更换电源
无声音也无显示	电源或 BIOS 程序损坏	更换电源

3. 一般 BIOS 自检错误信息含义

（1）CMOS battery failed

中文：CMOS 电池失效。

解释：这说明 CMOS 电池已经没电了，需要更换新的电池。

（2）CMOS check sum error—Defaults loaded

中文：CMOS 执行全部检查时发现错误，要载入系统预设值。

解释：一般来说，出现这句话都是说电池快没电了，可以先换块电池试试，如果问题还是没有解决，那么说明 CMOS RAM 可能有问题。

（3）Press ESC to skip memory test

中文：正在进行内存检查，可按 ESC 键跳过。

解释：这是因为在 CMOS 内没有设定跳过存储器的第二、三、四次测试，开机就会执行四次内存测试，当然也可以按 ESC 键结束内存检查，不过每次都要这样太麻烦了，可以进入 COMS 设置后选择 BIOS FEATURS SETUP，将其中的 Quick Power On Self Test 设为 Enabled，保存后重新启动即可。

（4）Keyboard error or no keyboard present

中文：键盘错误或者未接键盘。

解释：检查一下键盘的连线是否松动或者损坏。

（5）Hard disk install failure

中文：硬盘安装失败。

解释：可能因为硬盘的电源线或数据线未接好或者硬盘跳线设置不当。检查硬盘的各根连线是否插好，看看同一根数据线上两个硬盘跳线的设置是否一样，如果一样，只要将两个硬盘的跳线设置成不一样即可（一个设为 Master，另一个设为 Slave）。

（6）Secondary slave hard fail

中文：检测从盘失败。

解释：可能是 CMOS 设置不当，如没有从盘但在 CMOS 里设为有从盘，那么就会出现错误，这时可以进入 COMS 设置选择 IDE HDD AUTO DETECTION 进行硬盘自动检测。也可能是硬盘的电源线、数据线未接好或者硬盘跳线设置不当，解决方法参照第（5）条。

（7）Floppy Disk（s）fail

中文：无法驱动软盘驱动器。

解释：系统提示找不到软驱，查看软驱的电源线和数据线有没有松动，也可能是软驱已损坏。

（8）Hard disk（s）diagnosis fail

中文：执行硬盘诊断时发生错误。

解释：出现这个问题一般就是说硬盘本身出现故障了。

（9）Memory test fail

中文：内存检测失败。

解释：可能是内存条金手指与插槽接触不良，可以用橡皮轻轻擦拭金手指，将接触面的氧化物擦去。如故障依旧一般是因为内存条互相不兼容。

（10）Override enable—Defaults loaded

中文：当前 CMOS 设定无法启动系统，载入 BIOS 中的预设值以便启动系统。

解释：一般是 CMOS 内的设定出现错误，只要进入 CMOS 设置选择 LOAD SET-UP DEFAULTS 载入系统原来的设定值然后重新启动即可。

（11）Press TAB to show POST screen

中文：按 TAB 键可以切换屏幕显示。

解释：有的 OEM 厂商会以自己设计的显示画面来取代 BIOS 预设的开机显示画面，可以按 TAB 键在 BIOS 预设的开机画面与厂商的自定义画面之间进行切换。

活动三　更换相应计算机配件

活动背景

小张判断出发生故障的硬件为内存，微机原本安装两条内存，只损坏一根，为节约成本，只更换故障内存，另一根无故障内存继续使用。

活动分析

一、活动计划

1. 学会微机硬件的安装与拆卸操作
2. 了解微机硬件的选配原则

二、相关技能

1. 能够熟练完成微机硬件的安装与拆卸操作
2. 能够选配合适的微机硬件对故障硬件进行更换

方法与步骤

1. 为了保证内存兼容性及系统运行的稳定性，先查看内存类型，如图 1—3—1 所示。

图 1—3—1 内存标签上的类型参数

根据内存标签上的类型参数（4 GB 2R×8 PC3-10 600 U），判断这根内存为 ddr 3 代内存，8 片内存芯片共 4 G 容量，频率为 1 333 MHz，品牌为三星。

2. 小张选择替换同品牌同容量同类型同频率的内存，如图 1—3—2 所示。开机后，故障排除。

图 1—3—2 内存条替换

 **知识链接**

1. 选择合适的硬件来替换故障硬件

内存出现故障，两根内存同时使用，兼容性最佳为同品牌同容量同规格的内存。不同规格的内存因制作工艺不同或核心频率不同而无法同时使用。更换内存必须在主板支持的内存规格范围内选择。

显示卡、CPU、硬盘等硬件出现故障，按使用者对微机性能的要求来选择主板支持的硬件，无须替换与原故障硬件相同规格的硬件。

主板发生故障，必须选择支持原内存、原显示卡、原CPU、原硬盘等硬件规格的主板。

2. 查看内存的规格（见表1—3—1）

表1—3—1　　　　　　　　　　内存的规格

规格	标准	核心频率	I/O频率	等效频率	带宽
SDR-133	PC-133	133 MHz	133 MHz	133 MHz	1.06 GB/s
DDR-266	PC-2100	133 MHz	133 MHz	266 MHz	2.1 GB/s
DDR-333	PC-2700	166 MHz	166 MHz	333 MHz	2.7 GB/s
DDR-400	PC-3200	200 MHz	200 MHz	400 MHz	3.2 GB/s
DDR2-533	PC2-4200	133 MHz	266 MHz	533 MHz	4.2 GB/s
DDR2-667	PC2-5300	166 MHz	333 MHz	667 MHz	5.3 GB/s
DDR2-800	PC2-6400	200 MHz	400 MHz	800 MHz	6.4 GB/s
DDR3-1066	PC3-8500	133 MHz	533 MHz	1 066 MHz	8.5 GB/s
DDR3-1333	PC3-10600	166 MHz	667 MHz	1 333 MHz	10.6 GB/s
DDR3-1600	PC3-12800	200 MHz	800 MHz	1 600 MHz	12.8 GB/s

XIANGMUER

项目二　系统软件维护——操作系统安装

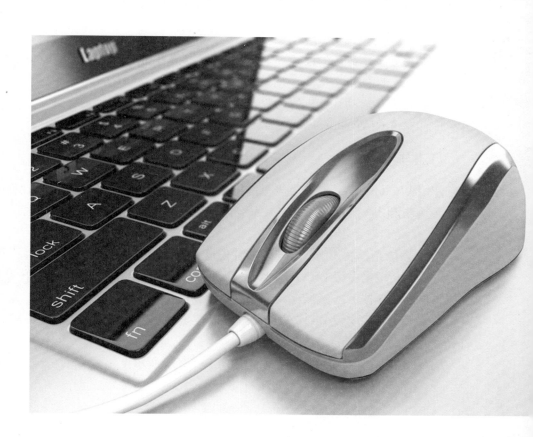

引言

通过本项目的学习与操作，将使学员掌握计算机硬盘主分区设置，学会计算机操作系统安装，了解分区步骤，能按要求进行分区操作和硬盘格式化，了解系统安装步骤，能按提示进行安装操作。

活动一　创建主分区、格式化硬盘与安装操作系统

活动背景

公司新购入一台计算机，为了让员工能够正常使用计算机，在安装新系统前，小张对计算机进行必要的分区和格式化硬盘，使用 Windows 7 系统安装光盘进行硬盘分区和格式化、安装操作系统。

活动分析

1. 掌握硬盘主分区的设置
2. 了解分区的格式化
3. 掌握光盘启动计算机的设置方法
4. 了解安装 Windows 7 操作系统的过程

方法与步骤

使用 Windows 7 系统安装光盘进行硬盘分区和格式化、安装系统，在操作系统安装前必须先划分一个主分区来安装系统，系统安装好后，再进行磁盘管理来划分更多的分区。

1. 将系统光盘放入光驱，安装前首先设置计算机从光盘启动，有两种操作方法。

方法一：根据主板 BIOS 不同，在开机后按 F2 键或 Del 键进入 BIOS 设置，设置从光盘启动，再按 F10 键保存，重新启动计算机。

方法二：有些主板 BIOS 开机后，可以按 F12 键进入启动菜单 Boot Menu，从中选择从光盘启动。

2. 系统进入装载安装文件界面，如图 2—1—1 所示。

图 2—1—1　进入装载安装文件界面

3. 稍后在弹出的"安装 Windows"对话框（见图 2—1—2）中选择安装语言、时间和货币格式、键盘和输入方法，然后点击"下一步"。

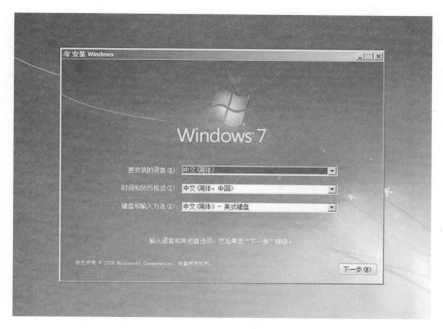

图 2—1—2　选择安装语言、时间和货币格式、键盘和输入方法

4. 准备安装 Windows 7。如图 2—1—3 所示，点击"现在安装"。

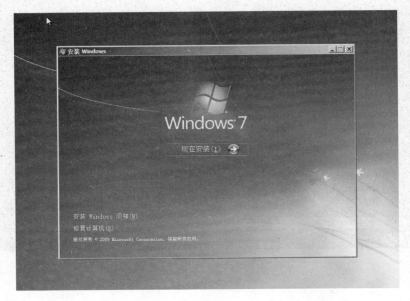

图 2—1—3　准备安装 Windows 7

5. 安装程序开始启动，如图 2—1—4 所示。

图 2—1—4　启动安装程序

6. 稍等片刻，弹出"请阅读许可条款"对话框（见图 2—1—5），勾选"我接受许可条款"复选框，点击"下一步"。

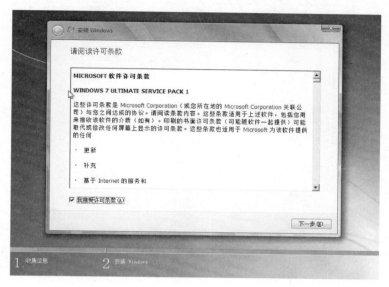

图 2—1—5　阅读和接收许可条款

7. 选择安装类型。因为是新装系统，点击"自定义（高级）"，如图 2—1—6 所示。

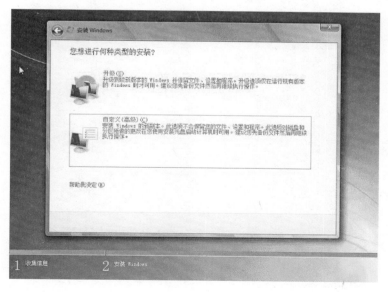

图 2—1—6　选择安装类型

8. 选择安装盘。此时对新硬盘来说，显示"磁盘0未分配空间"，如图2—1—7所示。

图 2—1—7　选择安装盘

9. 点击图 2—1—7 中的"驱动器选项（高级）"，在图 2—1—8 中选择将 Windows 安装在何处，点击"新建"。

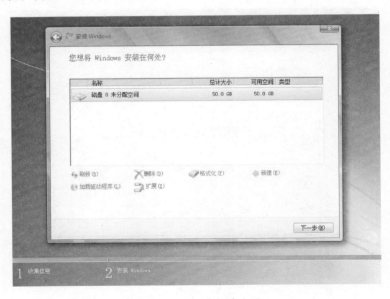

图 2—1—8　选新建分区

10. 对硬盘进行分区，每个分区的大小可以自行调整（建议先划分一个主分区），建议主分区大小划分在 50 G 以上，点击"应用"，如图 2—1—9 所示。

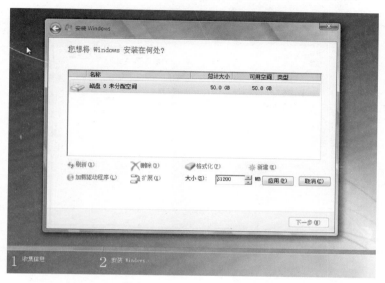

图 2—1—9　设置分区大小

11. Windows 7 会自动为系统文件创建额外隐藏分区，点击"确定"即可，如图 2—1—10 所示。

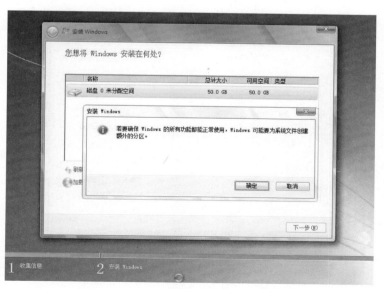

图 2—1—10　自动为系统文件创建额外隐藏分区

12. 系统自动保留了 100 MB 的空间，点击"下一步"（此时，已经划分了 2 个分区），如图 2—1—11 所示。

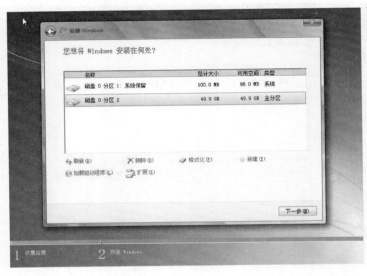

图 2—1—11 显示分区情况

13. 分区结束后开始进行分区格式化，如图 2—1—12 所示。

提示： Windows 7 只能装到 NTFS 格式的硬盘上。

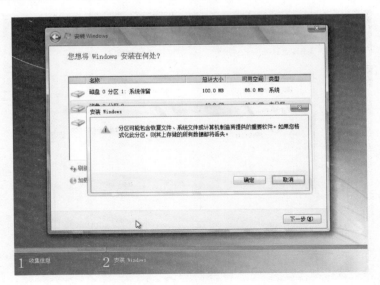

图 2—1—12 NTFS 格式化

14. 分区格式化完毕，点击图 2—1—12 中的"下一步"，出现如图 2—1—13 所示的界面。开始安装 Windows，整个过程需要 10～20 分钟。

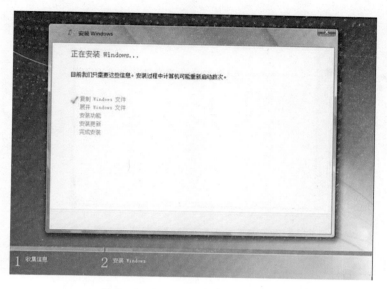

图 2—1—13　开始安装 Windows 7

15. 安装完成，启动系统服务，如图 2—1—14 所示。

图 2—1—14　安装完成后启动系统服务

16. 启动系统服务完成,准备重新启动计算机,如图2—1—15所示。

图 2—1—15 准备重新启动

17. 重新启动计算机,提示重启后安装过程将继续,如图2—1—16所示。

图 2—1—16 重新启动

18. 稍后，看到 Windows 7 的启动画面，如图 2—1—17 所示。

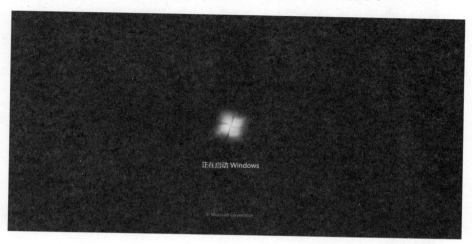

图 2—1—17　重启后看到 Windows 7 的启动画面

19. 安装程序检查系统配置、性能，这个过程约 10 分钟，如图 2—1—18 所示。

图 2—1—18　检查系统配置、性能

20. 此时输入个人信息，点击"下一步"，如图 2—1—19 所示。

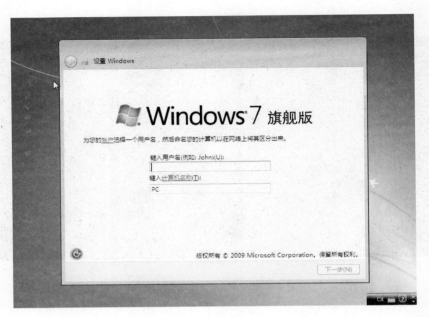

图 2—1—19　输入个人信息

21. 为自己的计算机账户设置密码，点击"下一步"，如图 2—1—20 所示。

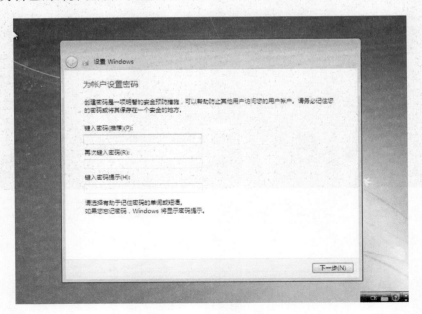

图 2—1—20　设置账户密码

22. 输入产品密钥并激活，点击"下一步"，如图 2—1—21 所示。

图 2—1—21　输入产品密钥并激活

23. 询问是否开启自动更新。建议选"以后询问我"，如图 2—1—22 所示。

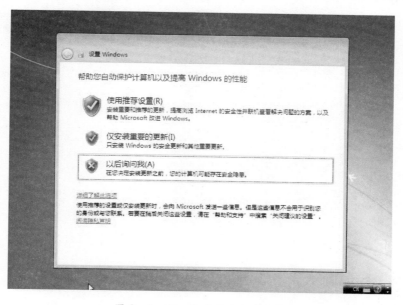

图 2—1—22　是否开启自动更新

24. 调整时间和日期。选择相应时区,点击"下一步",如图2—1—23所示。

图 2—1—23 调整时间和日期

25. 配置网络。请根据网络的实际安全性选择。如果安装时计算机未联网,则不会出现此对话框,如图2—1—24所示。

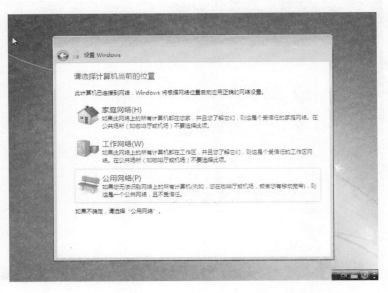

图 2—1—24 配置网络

26. Windows 7 正在根据您的设置配置系统，这个过程会持续 5 分钟。如图 2—1—25 所示，最后进入 Windows 7 桌面。

图 2—1—25 进入 Windows 7 桌面

 **知识链接**

1. 主分区

每个磁盘的主分区最多只有 4 个，即 hda 1～hda 4。

Windows 7 系统安装时，系统会自动预留 1 个主分区，也就是说最多只能拥有 3 个主分区。

但是一些用户有 3 个以上的分区，这是如何获得呢？

2. 逻辑分区

扩展分区是相对主分区而言的，一个扩展分区可以再划分出多个逻辑分区。当需要分区比较多时，可以创建 3 个主分区，1 个扩展分区，然后再对扩展分区进行划分。

逻辑分区是在扩展分区的基础上再分出的区间，从"D"开始，一直可以分到"Z"为止，即从 hda 5 之后的都是逻辑分区。如果需要 5 个分区，那么可以先分出 1 个主分区，再将剩下的未分配空间全部划分为扩展分区，最后再从扩展分区中逐一创建逻辑驱动器。

 拓展练习

1. 使用 U 盘安装 Windows 7 操作系统。
2. 将 Windows XP 操作系统升级到 Windows 7 操作系统。
3. 对 AMI BIOS 和 Phoenix BIOS 芯片组主板进行 BIOS 设置。

活动二　在 Windows 7 中设置硬盘分区和分区格式化

活动背景

在安装 Windows 7 操作系统后，小张要对计算机进行必要的分区和格式化硬盘，对计算机进行必要的安装和调试。

活动分析

1. 运用 Windows 7 的管理工具建立扩展分区、逻辑分区
2. 运用 Windows 7 的管理工具对分区进行格式化

方法与步骤

安装好 Windows 7 操作系统后，系统只有 2 个主分区：C 盘和系统保留分区（未定义盘符），需要在 Windows 7 中继续进行分区操作。

1. 右键单击桌面上的"计算机"→"管理"，如图 2—2—1 所示。

2. 在弹出的"计算机管理"窗口中，点击"存储"→"磁盘管理"，系统会自动连接虚拟磁盘服务，加载磁盘配置信息，并会在右边的窗格中出现如图 2—2—2 所示的界面。

图 2—2—1　"计算机"快捷菜单

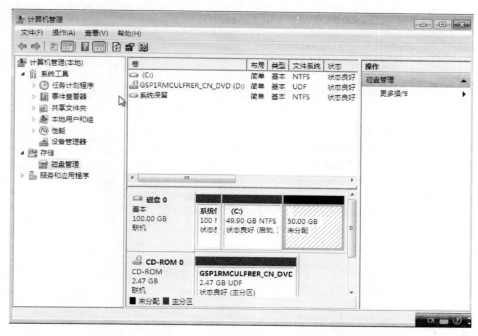

图2—2—2 "计算机管理"窗口

3. 单击磁盘0（指第一块硬盘）中的"未分配"空间，右键选择"新建简单卷"，会出现如图2—2—3所示的"新建简单卷向导"对话框。

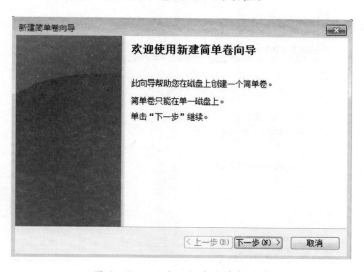

图2—2—3 进入新建简单卷向导

4. 在"新建简单卷向导"欢迎使用界面中,点击"下一步",出现指定卷大小的界面,如图 2—2—4 所示。

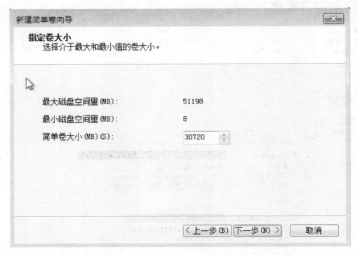

图 2—2—4 指定卷大小

Windows 7 允许用户创建最小空间为 8 MB、最大至有足够的可分配空间的分区,容量单位为兆字节 (MB),根据磁盘的可分配空间和实际情况需要分配分区。

5. 分区大小设置好后,点击"下一步",会出现"分配驱动器号和路径"界面,此时需要指定一个盘符,如图 2—2—5 所示。

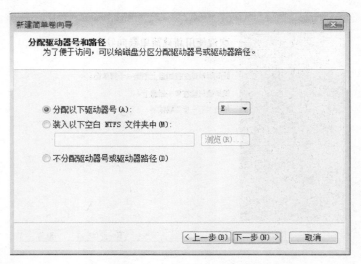

图 2—2—5 指定一个盘符

6. 点击"下一步",显示"格式化分区"界面,需要为新建的分区进行格式化,如图 2—2—6 所示。

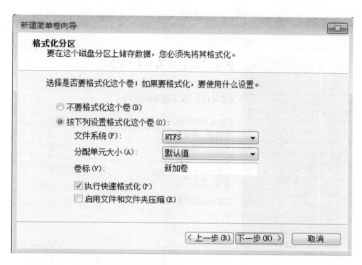

图 2—2—6 显示分区的格式化页面

7. 为了使分区可用,用户必须将分区进行格式化,选择"按下列设置格式化这个卷",并进行一系列的设置:

(1) 文件系统

文件系统是指底层的文件系统格式,有"NTFS"和"FAT32"两种,建议使用默认的"NTFS"文件系统即可。

(2) 分配单元大小

此选项用于设置分配单元,即设置"簇"大小,若要存放的大部分文件体积较大,可适当将此选项设置得大一点,以拥有更好的磁盘性能;若用于存放体积较小的大部分文件,可以将此选项设置得较小一点,以节约空间。一般情况按照默认值即可。

(3) 卷标

卷标即分区名称,比如通常的"本地磁盘""Local Disk"等,可以自行定义设置。

(4) 执行快速格式化

勾选此选项,可以更快地完成分区的格式化,建立新的文件分配表。

提示:对于用的时间比较长的磁盘,建议不使用"执行快速格式化",以进行彻底的格式化,屏蔽已损坏的磁道。

(5) 启用文件和文件夹压缩

如果用户所选择的文件系统是"NTFS",则勾选此选项。

8. 设置好格式化选项后点击"下一步",会显示"正在完成新建简单卷向导"界面。这里将出现创建分区的设置列表,如图2—2—7所示。

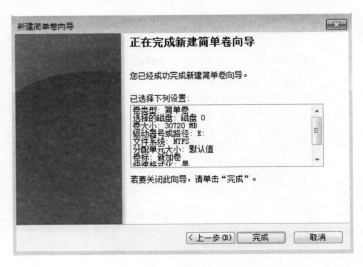

图 2—2—7 完成分区设置

9. 点击"完成",系统便会为物理磁盘创建分区。当分区创建好后,系统会自动连接和识别新的分区。

按照以上方法,可以按照自己的需求分出更多的磁盘空间。

 **知识链接**

系统保留分区

系统保留分区指的是 Windows 系统在第一次管理硬盘的时候,保留用于存放系统引导文件的分区。

1. 系统保留分区简介

Windows 7 出于安全考虑,在新装 Windows 7 系统过程中,如果利用光盘的分区工具给硬盘分区时,系统默认将一部分(100 M)空间划分出来,不分配盘符,用于存放系统引导文件(计算机启动时需要首先读取的一部分具有特殊功能的文件)。

2. 系统保留分区作用

系统在安装时有 100 M 的系统保留分区,用 Ghost 软件安装的系统无此分区。

该分区的格式为 NTFS，没有磁盘卷标，没有分配驱动器号，其磁盘状态描述为系统、活动、主分区。因为没有驱动器号，所以在资源管理器中是不可见的。

该隐藏分区中保存了系统的引导文件和磁盘的主引导分区信息。将引导文件放在一个独立的隐藏分区中，是出于对引导文件的保护。

系统保留分区下的文件是隐藏的、系统的文件，里面的文件主要有 boot 目录及 bootmgr、bootsect. bak 两个文件。

 拓展练习

1. 在 Windows 7 系统中设置硬盘分区：D 盘 50 G，E 盘 80 G，其他空间分配给 H 盘。

2. 将上题中的 H 盘改成 F 盘，并对这三个盘进行格式化。

3. 将上题中的 E 盘和 F 盘合并成一个分区，形成新的 E 盘。

XIANGMUSAN

项目三　系统软件维护——系统板卡驱动安装

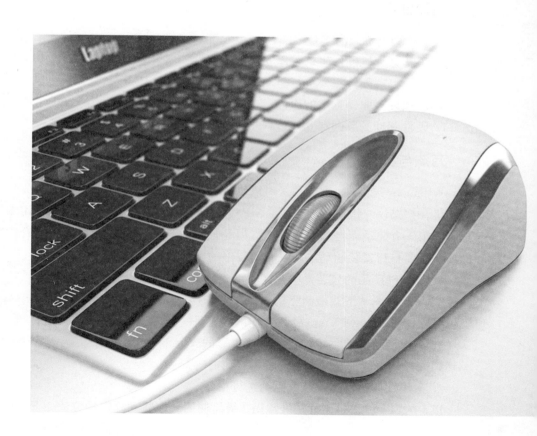

引言

通过本项目的学习与操作将使学员了解计算机系统板卡驱动的安装软件，了解计算机硬件驱动程序安装的重要性，学会计算机硬件驱动程序的安装、计算机外部设备驱动程序的安装，了解硬件驱动的原理，能按要求用几种方法正确安装硬件驱动程序。

活动一　安装计算机硬件驱动程序

活动背景

在操作系统安装完成，以及规划了必要的分区，并进行格式化后，小张要对计算机进行必要的硬件驱动程序安装，才能使系统识别硬件设备，使计算机系统能正常运行。

活动分析

1. 了解计算机硬件有哪些
2. 了解计算机硬件驱动程序安装的重要性
3. 了解哪些硬件需要进行驱动程序安装
4. 获取硬件驱动程序的途径
5. 硬件驱动的原理和安装过程

方法与步骤

Windows 7 系统大大提高了对周围硬件的兼容性，本身集成了很多驱动，包括对打印机、扫描仪、摄像头、手机、MP3、MP4 播放器等的直接识别，常用的型号都能不安装第三方驱动而自动识别使用。但是，有时不能识别的硬件或需要升级版本的硬件，还需要自行安装驱动，获取驱动程序的主要方法有：

1. 从硬件产品的包装盒中找到驱动光盘安装。
2. 从官方网站下载最新驱动包，注意选择支持的操作系统，如果没有 Windows 7 就选择支持 Windows Vista 的，它们的内核是一样的。
3. 在识别硬件的时候，利用系统本身的 Windows Update 功能，更新系统自带的驱动列表，这个过程稍微有点慢，需要耐心等候。
4. 采用软件自动查找匹配驱动进行更新。

以上的第 1 种和第 4 种是最常用、最简便的获取驱动程序的方法，下面以方正君逸

M 580（i5 2500/8 G/500 G）Intel Q 67（Cougar Point）[B3]主板为例，就这两种方法展开描述。

一、从硬件产品的包装盒中找到驱动光盘安装

1. 安装驱动与随机软件向导

（1）将产品包装盒中的驱动光盘放入光驱，用单击右键快捷菜单的方法打开，如图 3—1—1 所示。

图 3—1—1　通过快捷菜单打开安装驱动与随机软件

（2）找到 setup. exe 文件并运行，如图 3—1—2 所示。

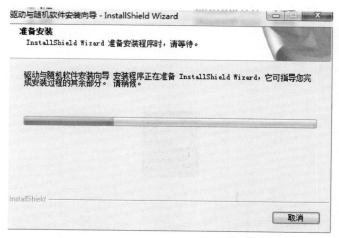

图 3—1—2　运行安装驱动与随机软件

（3）在接下来的界面中，连续点"下一步"或"Y（是）"，直至出现"完成"，如图 3—1—3 所示，此时按"完成"立即重新启动计算机。

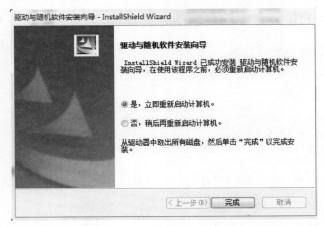

图 3—1—3 自动安装驱动与随机软件并完成

硬件驱动的安装顺序一般是主板驱动、显卡驱动、声卡驱动和网卡驱动等，见表 3—1—1。

表 3—1—1　　　　　　　　　硬件驱动的安装顺序

序号	驱动
1	主板驱动程序
2	显卡驱动程序
3	声卡驱动程序
4	网卡驱动程序
5	其他外部设备驱动程序

2. 安装主板驱动

重新进入系统后，会在桌面上生成一个"驱动与随机软件安装向导"图标（见图 3—1—4）。

图 3—1—4 "驱动与随机软件安装向导"图标

（1）驱动光盘依然放在光驱中，双击该图标，出现图 3—1—5 所示界面。

图 3—1—5 运行驱动与随机软件安装向导

（2）检测驱动与随机软件安装向导版本，此检测过程会耗费数分钟，提示"程序启动中，请稍等…"的字样，在跳出来的安装向导界面（见图 3—1—6）中选择"安装方正电脑驱动"。

图 3—1—6 选择"安装方正电脑驱动"

（3）在接下来的"安装方正电脑驱动"界面（见图 3—1—7）中首先安装主板驱动，稍后计算机会提示重启。

图 3—1—7 选择"安装主板驱动"

3. 安装设备驱动

重新进入系统后双击桌面上的"驱动与随机软件安装向导"图标,选择"安装设备驱动",依次安装以下设备驱动:显卡、声卡、网卡和多媒体键盘。

4. 备份设备驱动程序

在"安装设备驱动"对话框(见图 3—1—8)中,选中要备份的设备,按"导出",备份到某个文件夹中,以备日后不时之需。

图 3—1—8 安装设备驱动

二、利用第三方软件驱动精灵自动查找匹配驱动进行更新

当驱动光盘遗失、无法找到或没有备份的情况下，采用第三方软件来自动识别设备及下载驱动，直至安装完成，不失为一种有效的好办法。

驱动精灵就是这样一款非常方便的驱动安装软件，它可以自动检测计算机硬件中的驱动是否异常，是否可以更新更高版本驱动，更方便的是只需一键即可实现驱动安装。类似的第三方软件还有驱动人生等软件。

1. 驱动精灵的作用

（1）超强硬件检测

驱动精灵使用专业级硬件检测手段，具有近十年的驱动数据库积累，能够检测出绝大多数流行硬件。基于正确的检测结果，驱动精灵为用户提供准确无误的驱动程序。

（2）驱动智能升级

驱动精灵提供了专业级驱动识别能力。在这种技术下驱动误判率极低，严格保证系统稳定性。

（3）驱动备份与还原

驱动精灵可严格按照原驱动格式备份，备份出来的驱动就是官方原版驱动。

（4）网络状态判断

驱动精灵彻底解决了不联网就不能使用软件的问题，为用户提供了多种软件工作模式。

2. 驱动精灵的使用

（1）下载驱动精灵

进入驱动精灵官方网站（见图3—1—9），选择标准版或扩展版点击下载，建议使

图3—1—9　驱动精灵官方网站界面

用扩展版，该版本集成了网卡万能驱动，可以事先在一台已联网的计算机上下载，然后直接在要安装驱动程序的计算机上安装驱动精灵。

（2）安装驱动精灵

在安装过程中，安装向导（见图 3—1—10）会自动检测计算机是否安装网卡驱动，如果没安装，系统将会做出相应的安装提示。

图 3—1—10 驱动精灵安装向导

待安装好后，将会在桌面上产生一个"驱动精灵"图标，如图 3—1—11 所示。

图 3—1—11 "驱动精灵"图标

（3）运行驱动精灵

双击桌面上的"驱动精灵"图标（见图 3—1—11），系统将自动检测计算机的品牌和型号，如图 3—1—12 所示。

点击"立即检测"，系统将检测硬件驱动的安装情况，并提示是否更新与升级，如图 3—1—13 所示，可以点击"立即解决"，自动更新和升级驱动。

图 3—1—12　运行驱动精灵

图 3—1—13　检测结果显示

也可以点击上方的"驱动程序"，出现图3—1—14所示界面，用"标准模式"或"玩家模式"进行有选择的驱动安装。

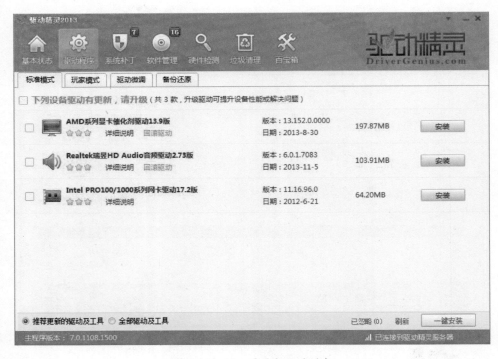

图 3—1—14 需更新驱动列表

还可以对硬件驱动进行有选择的备份或一键备份，以及做驱动还原，如图3—1—15所示。

在"硬件检测"中（见图3—1—16），驱动精灵提供了已检测到或更新和升级的硬件配置情况表，可以很清晰地了解到计算机各部件的品牌和型号，正确识别并做出正确的判断。

图 3—1—15 备份驱动

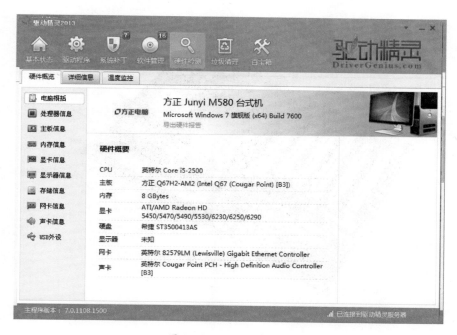

图 3—1—16 硬件检测

知识链接

1. 计算机硬件的分类

计算机硬件,包含了计算机中所有物理的零部件,主要包含机箱、主板、总线、电源、内存、显卡、硬盘、光驱、网卡、声卡、输入设备、输出设备、CPU 风扇和蜂鸣器等部件。

主板是各种硬件的连接桥梁,下面就以主板为例,了解各个部件的情况。

2. 主板

(1) 简介

主板上承载着 CPU(中央处理器)、内存(随机存取存储器)和为扩展卡提供的插槽。

主板安装在机箱内,是计算机最基本的、最重要的部件之一。主板一般为 4~6 层矩形电路板,上面安装了组成计算机的主要电路系统,一般有南北桥芯片(有的南北桥整合在一起)、BIOS 芯片、I/O 控制芯片、键盘和面板控制开关接口、指示灯插接件、扩充插槽、主板及插卡的直流电源供电接插件等元件,如图 3—1—17 所示。

图 3—1—17 主板结构

（2）主要芯片

1）BIOS（Basic Input/Output System，基本输入/输出系统）。全称是 ROM—BIOS，是只读存储器基本输入/输出系统的简写，它实际是一组被固化到计算机中，为计算机提供最低级、最直接的硬件控制的程序，它是连通软件程序和硬件设备之间的枢纽，通俗地说，BIOS 是硬件与软件程序之间的一个"转换器"或者说是接口（虽然它本身也只是一个程序），负责解决硬件的即时要求，并按软件对硬件的操作要求具体执行。

2）北桥芯片。北桥芯片（North Bridge）是主板芯片组中起主导作用的最重要的组成部分，也称为主桥（Host Bridge）。北桥芯片负责与 CPU 的联系并控制内存、AGP 数据在北桥内部传输，提供对 CPU 的类型和主频、系统的前端总线频率、内存的类型和最大容量、AGP 插槽、ECC 纠错等支持，整合型芯片组的北桥芯片还集成了显示核心。

3）南桥芯片。南桥芯片（South Bridge）是主板芯片组的重要组成部分，负责 I/O 总线之间的通信，如 PCI 总线、USB、LAN、ATA、SATA、音频控制器、键盘控制器、实时时钟控制器、高级电源管理等，一般位于主板上离 CPU 插槽较远的下方，PCI 插槽的附近，这种布局是考虑到它所连接的 I/O 总线较多，离处理器远一点有利于布线。相对于北桥芯片来说，其数据处理量并不算大，所以南桥芯片有时候没有覆盖散热片。

4）RAID 控制芯片。相当于一块 RAID 卡的作用，可支持多个硬盘组成各种 RAID 模式。目前主板上集成的 RAID 控制芯片主要有两种：HPT372 RAID 控制芯片和 Promise RAID 控制芯片。

3. 计算机硬件驱动程序

驱动程序（Device Driver）全称为设备驱动程序，是一种可以使计算机和设备进行通信的特殊程序，可以说相当于硬件的接口，操作系统只能通过这个接口才能控制硬件设备的工作，假如某设备的驱动程序未能正确安装，便不能正常工作。

正因为这个原因，驱动程序在系统中所占的地位十分重要，一般当操作系统安装完毕后，首要的便是安装硬件设备的驱动程序。

设备驱动程序用来将硬件本身的功能告诉操作系统，完成硬件设备电子信号与操作系统及软件的高级编程语言之间的互相翻译。当操作系统需要使用某个硬件时，例如，让声卡播放音乐，它会先发送相应指令到声卡驱动程序，声卡驱动程序接收后，马上将其翻译成声卡才能接受的电子信号命令，从而让声卡播放音乐。所以简单地说，驱动程序提供了硬件到操作系统的一个接口以及协调二者之间的关系，正因为驱动程序有如此重要的作用，所以人们都称驱动程序是"硬件的灵魂""硬件的主宰"，同时驱动程序也被形象地称为"硬件和系统之间的桥梁"。

拓展练习

1. 针对自己的计算机，使用计算机附带光盘进行硬件驱动安装。
2. 根据上一题，对硬件驱动进行更新和升级。

活动二　安装计算机外部设备驱动程序

活动背景

公司新购入一台 Brother DCP-7060D 黑白激光一体机，为了能正常使用，实现打印和扫描功能，要求小张对一体机进行必要的驱动安装。

活动分析

1. 了解一体机的功能
2. 获取硬件外设驱动程序的途径
3. 外设驱动安装过程

方法与步骤

一、获取外设驱动程序的两种主要方法

1. 从硬件产品的包装盒中找到驱动光盘或从官方网站下载最新驱动包，注意选择支持的操作系统。
2. 采用软件自动查找匹配驱动进行更新。

二、用包装盒中的驱动光盘安装

下面以 Brother DCP-7060D 黑白激光一体机为例展开描述。

1. 将原装驱动光盘放入光驱，系统弹出"自动播放"界面，如图3—2—1所示。

图 3—2—1 "自动播放"界面

2. 点击"运行 start. exe",进入安装一体机驱动主界面,如图 3—2—2 所示。

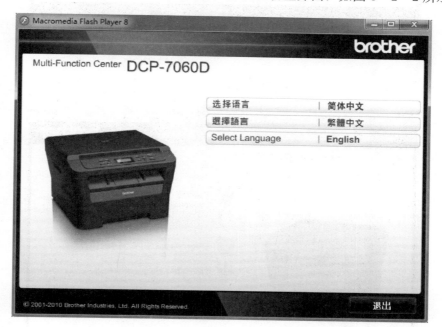

图 3—2—2 安装一体机驱动主界面

3. 点击"简体中文",进入"顶部菜单"界面,如图 3—2—3 所示。

图 3—2—3 "顶部菜单"界面

4. 点击"初始安装"，进入"初始安装"界面，如图 3—2—4 所示。

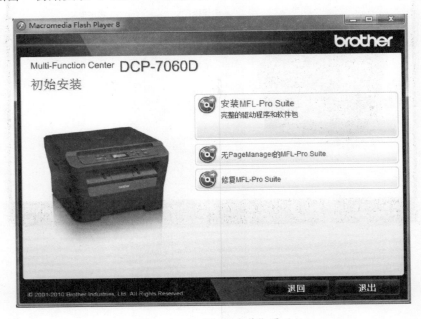

图 3—2—4 "初始安装"界面

5. 点击"安装 MFL-Pro Suite 完整的驱动程序和软件包",进入"PageManager 许可证协议"界面,如图 3—2—5 所示。

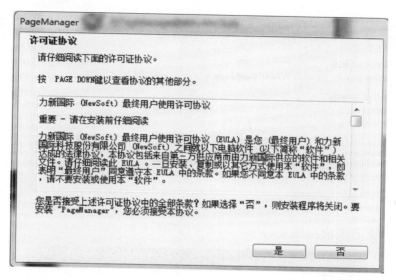

图 3—2—5 "PageManager 许可证协议"界面

6. 点击"是",进入"InstallShield Wizard"安装程序装载界面,如图 3—2—6 所示。

图 3—2—6 "InstallShield Wizard"安装程序装载界面

7. 稍后自动进入"Presto! PageManager 9"安装界面,如图 3—2—7 所示。

8. 稍后自动进入"Brother Software Suite"一体机套件安装界面,如图 3—2—8 所示。

9. 套件安装完成后,会在桌面上出现"Presto! PageManager 9"的图标,如图 3—2—9 所示。

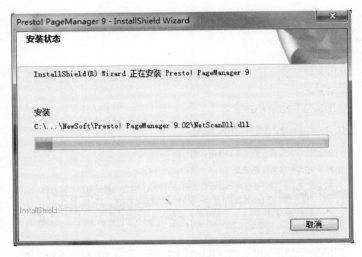

图 3—2—7 "Presto! PageManager 9" 安装界面

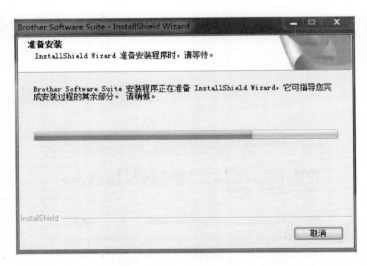

图 3—2—8 "Brother Software Suite" 一体机套件安装界面

图 3—2—9 "Presto! PageManager 9" 图标

10. 继续弹出"Brother 打印设备安装许可证协议"界面，如图 3—2—10 所示。

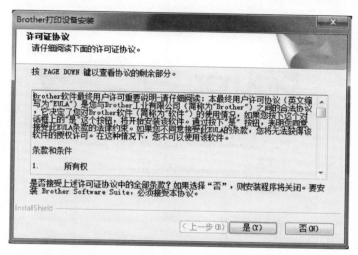

图 3—2—10 "Brother 打印设备安装许可证协议"界面

11. 点击"是"，进入"安装类型"界面，如图 3—2—11 所示。

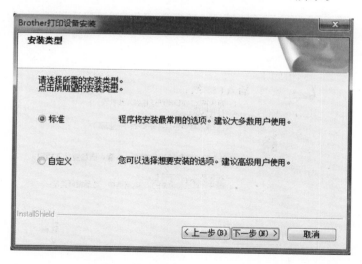

图 3—2—11 "安装类型"界面

12. 点击"下一步"，系统开始自动安装 Brother 打印设备，如图 3—2—12 所示。

图 3—2—12　安装 Brother 打印设备

13. 安装一段时间后，弹出"连接设备"界面，提示将一体机的 USB 数据电缆连到计算机上，并打开一体机电源，如图 3—2—13 所示。

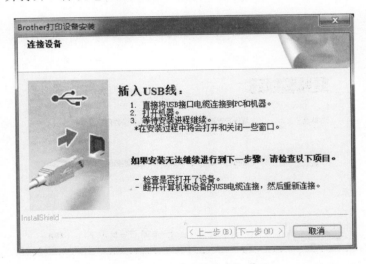

图 3—2—13　"连接设备"界面

14. 待一体机连上后，系统自动继续安装 Brother 打印设备，如图 3—2—14 所示。

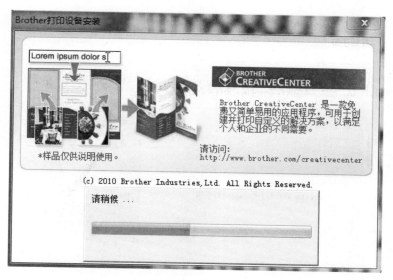

图 3—2—14　继续安装 Brother 打印设备

15. 安装结束时，系统会提示查看使用说明书，如图 3—2—15 所示。

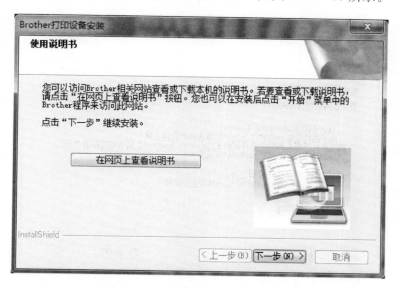

图 3—2—15　提示查看使用说明书

16. 点击"下一步"，提示在线注册，如图 3—2—16 所示。

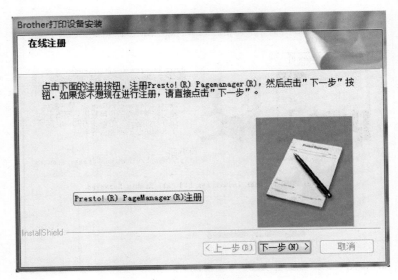

图 3—2—16　提示在线注册

17. 点击"下一步",提示完成设置,如图 3—2—17 所示。

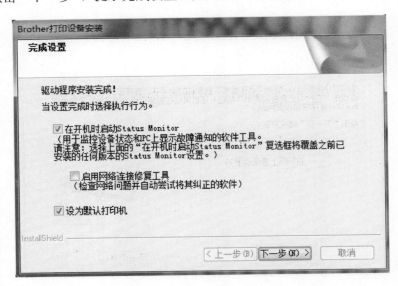

图 3—2—17　提示完成设置

18. 点击"下一步",安装完毕,提示计算机重启,如图 3—2—18 所示。

图 3—2—18 提示计算机重启

19. 点击"完成",计算机重启进入桌面后,点击"开始"→"设备和打印机",打开"设备和打印机"窗口,如图 3—2—19 所示,查看一体机设备是否已经安装到位。

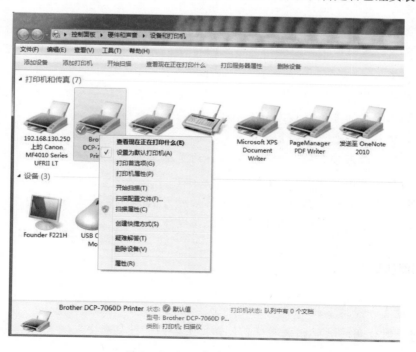

图 3—2—19 查看一体机设备

此时，一体机已经能正常使用它的打印功能和扫描功能了。

 知识链接

1. 计算机外部设备

计算机外设可以简单理解为输入设备和输出设备。

（1）输入设备

输入设备包括键盘、鼠标、摄像头、扫描仪、光笔、手写板、数码相机、游戏杆、语音输入装置等。

（2）输出设备

输出设备包括显示器、打印机、绘图仪、投影仪、音箱、耳机、语音输出系统、存储设备等。

外部设备是用户与计算机之间的桥梁。

输入设备的任务是把用户要求计算机处理的数据、字符、文字、图形和程序等各种形式的信息转换为计算机所能接受的编码形式存入计算机内。

输出设备的任务是把计算机的处理结果以用户需要的形式（如屏幕显示、文字打印、图形图表、语言音响等）输出。输入输出接口是外部设备与中央处理器之间的缓冲装置，负责电气性能的匹配和信息格式的转换。

2. 一体机

一体机是数码速印机的一种，简单而言就是集传真、打印与复印等功能于一体的机器。其影像是由油墨形成的，而不像复印机是由碳粉形成的。但是在操作及外形上，今天的一体机都像一台典型的复印机。

一体机的工作原理与传统油印机相似，均是通过油墨穿过蜡纸上的细微小孔（小孔组成了与原稿相同的图像），将图像印于纸上。但其蜡纸并非传统油印机上用的蜡纸或扫描蜡纸，而是热敏蜡纸，由一层非常薄的胶片和棉脂合成。在这些胶片上制作非常细小的孔，这使得它能印出非常精细的高质量印刷品。

 拓展练习

1. 通过官方网站下载 Canon IC MF4010 激光一体机驱动并安装。

2. 将平时使用的数码相机连接到计算机上，并进行驱动安装。

XIANGMUSI

项目四　系统软件维护——计算机病毒防治

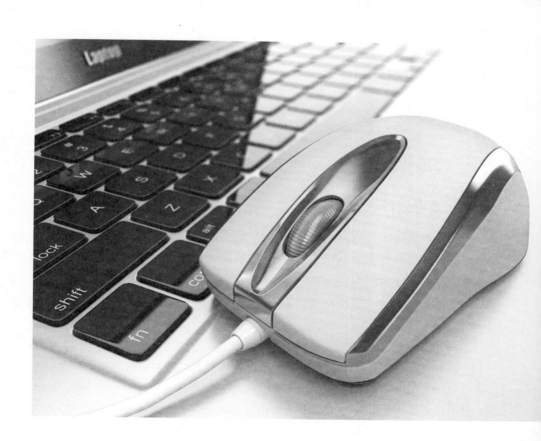

引言

计算机病毒的防御对系统管理员来说是一项难度很大的任务，特别是随着病毒越来越高级，情况就变得更复杂。

目前，几千种不同的病毒时刻对计算机和网络的安全构成严重威胁。因此，了解和控制病毒威胁显得格外重要，任何有关网络数据完整性和安全性的讨论都应考虑到病毒的防范。

本项目主要通过几个项目活动来介绍杀毒和防护软件的设置与使用。

活动一　安装杀毒软件

活动背景

公司为保证计算机能够正常运行，要求小张对计算机采取必要的防病毒措施，安装瑞星全功能安全软件。

活动分析

1. 了解杀毒和防护软件有哪些
2. 学会杀毒和防护软件的安装

方法与步骤

一、杀毒软件

杀毒软件，也称反病毒软件或防毒软件，是用于消除计算机病毒、特洛伊木马和恶意软件等计算机威胁的一类软件。杀毒软件通常集成监控识别、病毒扫描和清除，以及自动升级等功能，有的杀毒软件还带有数据恢复等功能，是计算机防御系统（包含杀毒软件、防火墙、特洛伊木马和其他恶意软件的查杀程序、入侵预防系统等）的重要组成部分。

"杀毒软件"是由国内老一辈反病毒软件厂商，如金山毒霸、江民、瑞星等起的名字，后来由于和世界反病毒业接轨统称为"反病毒软件""安全防护软件"或"安全软件"。

计算机在上网过程中，被恶意程序将系统文件篡改，导致计算机系统无法正常运作，要用一些杀毒程序来杀掉病毒。反病毒软件包括查杀病毒和防御病毒入侵两种功能。

下面就以瑞星全功能安全软件 2011 为例，描述下载与安装过程。

二、瑞星全功能安全软件

1. 下载和安装

（1）进入瑞星官网，在线下载并安装瑞星全功能安全软件 2011 下载版，如图 4—1—1 所示。

图 4—1—1　瑞星全功能安全软件下载界面

（2）点击图 4—1—1 中的"在线安装"，进入"瑞星软件语言设置程序"界面，如图 4—1—2 所示。

图 4—1—2　"瑞星软件语言设置程序"界面

（3）选择"中文简体"，点击"确定"，进入"自动安装程序"界面，如图4—1—3所示。

图4—1—3 "自动安装软件"界面

（4）稍后会弹出"瑞星欢迎您"界面，如图4—1—4所示，点击"下一步"继续。

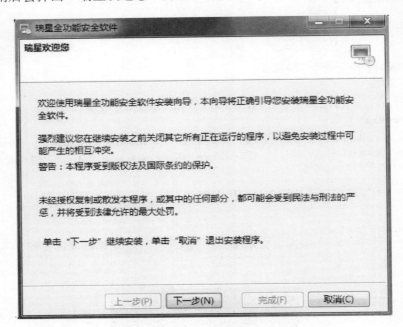

图4—1—4 "瑞星欢迎您"界面

（5）系统进入"最终用户许可协议"界面，如图4—1—5所示，选择"我接受"，点击"下一步"。

（6）系统进入"定制安装"界面，如图4—1—6所示，一般可直接接受默认选项，直接点击"下一步"。

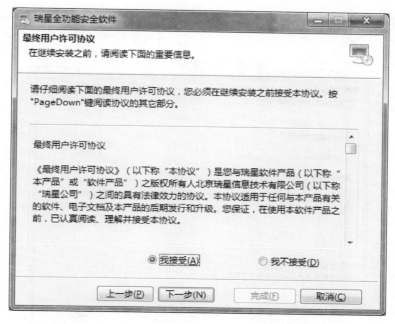

图4—1—5 "最终用户许可协议"界面

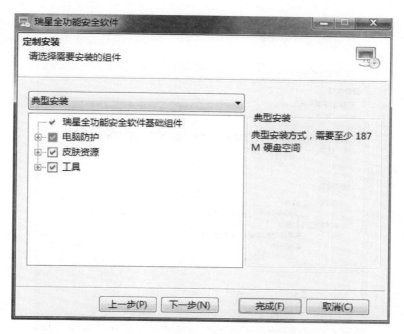

图4—1—6 "定制安装"界面

（7）系统进入"选择目标文件夹"界面，如图4—1—7所示，瑞星默认的安装目录为"C：\ Program Files \ Rising \ RIS"，在此可以更改安装目录，点击"下一步"。

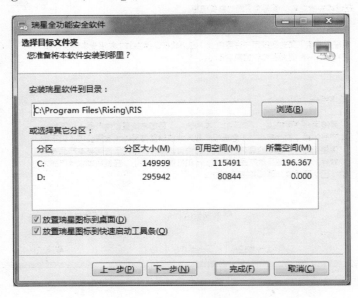

图4—1—7 "选择目标文件夹"界面

（8）系统进入"安装信息"界面，如图4—1—8所示，确认安装信息，点击"下一步"。

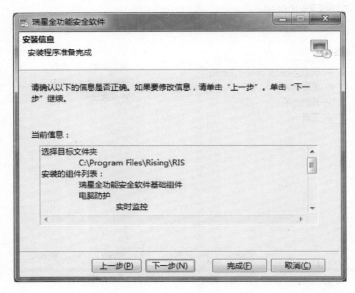

图4—1—8 "安装信息"界面

（9）系统进入"安装过程中..."界面，如图4—1—9所示，系统进入自动安装步骤。

图4—1—9 "安装过程中..."界面

（10）大约3分钟之后，弹出"结束"对话框，如图4—1—10所示，提示系统安装完成，点击"完成"，系统会重新启动计算机。

图4—1—10 "结束"界面

2. 卸载

下面介绍使用瑞星软件自带的卸载功能来卸载瑞星全功能安全软件 2011。

(1) 启动卸载程序。选择"开始"→"所有程序"→"瑞星全功能安全软件"→"修复",弹出"瑞星软件维护模式选项"界面,如图 4—1—11 所示,选择"卸载",点击"下一步"。

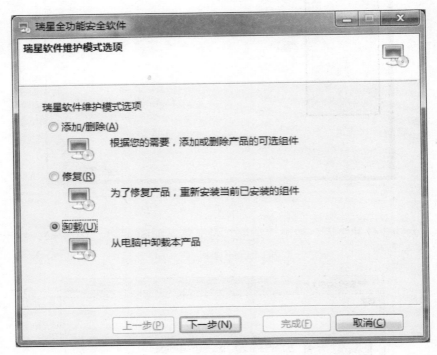

图 4—1—11 "瑞星软件维护模式选项"界面

(2) 弹出"安装信息"界面,如图 4—1—12 所示,取消"保留用户配置文件",点击"下一步"。

(3) 弹出"请输入验证码"界面,如图 4—1—13 所示,输入验证码,点击"下一步"。

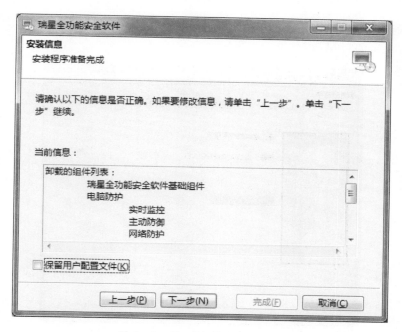

图 4—1—12 "安装信息" 界面

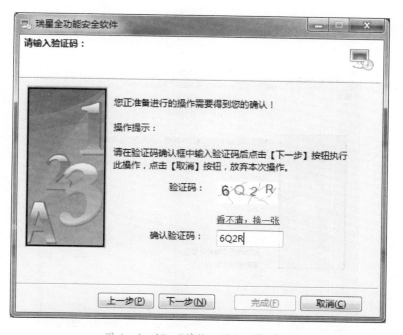

图 4—1—13 "请输入验证码" 界面

（4）程序弹出"卸载过程中⋯"界面，如图 4—1—14 所示，卸载正式开始，卸载过程需要一定的时间。

图 4—1—14 "卸载过程中..."界面

（5）程序自动卸载完成，弹出"结束"界面，如图 4—1—15 所示，选中"重新启动计算机"，点击"完成"，完成卸载，将立即重启计算机。

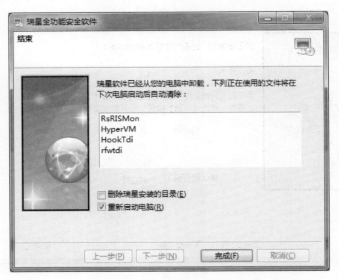

图 4—1—15 "结束"界面

知识链接

1. 计算机病毒

计算机病毒（Computer Virus）在《中华人民共和国计算机信息系统安全保护条例》中被明确定义，病毒指"编制者在计算机程序中插入的破坏计算机功能或者破坏数据，影响计算机使用并且能够自我复制的一组计算机指令或者程序代码"。与医学上的"病毒"不同，计算机病毒不是天然存在的，是某些人利用计算机软件和硬件所固有的脆弱性编制的一组指令集或程序代码。它能通过某种途径潜伏在计算机的存储介质（或程序）里，当达到某种条件时即被激活，通过修改其他程序的方法将自己的精确复制或者可能演化的形式放入其他程序中，从而感染其他程序，对计算机资源进行破坏。所谓的病毒就是人为造成的，对其他用户的危害性很大。

2. 病毒征兆

（1）在特定情况下屏幕上出现某些异常字符或特定画面。

（2）文件大小异常增减或莫名产生新文件。

（3）一些文件打开异常或突然丢失。

（4）系统无故进行大量磁盘读写或未经用户允许进行格式化操作。

（5）系统出现异常的重启现象，经常死机，或者蓝屏无法进入系统。

（6）可用的内存或硬盘空间变小。

（7）打印机等外部设备出现工作异常。

（8）在汉字库正常的情况下无法调用和打印汉字，或汉字库无故损坏。

（9）磁盘上无故出现扇区损坏。

（10）程序或数据神秘消失，文件名不能辨认等。

 拓展练习

1. 自己动手下载瑞星全功能安全软件或瑞星杀毒软件和防火墙，并进行安装和卸载。

2. 自己动手下载金山杀毒和金山卫士，并进行安装和卸载。

3. 自己动手下载 360 杀毒和 360 安全卫士，并进行安装和卸载。

4. 自己动手下载百度杀毒和百度卫士，并进行安装和卸载。

活动二 设置杀毒软件各功能

活动背景

公司为保证计算机能够正常运行，特地安装了瑞星全功能安全软件，现要求员工对杀毒软件进行功能设置，以最大限度地查杀病毒，保护计算机。

活动分析

1. 了解杀毒软件有哪些设置
2. 学会杀毒软件的功能设置

方法与步骤

下面以瑞星全功能安全软件 2011 为例，描述软件功能设置方法。

瑞星全功能安全软件 2011 主界面包括中心、杀毒、电脑防护、联网程序、瑞星工具和安全资讯 6 个模块，如图 4—2—1 所示，下面就杀毒模块展开描述。

图 4—2—1 瑞星全功能安全软件主界面

　　杀毒页面包含快速查杀、全盘查杀和自定义查杀三大功能，如图 4—2—2 所示，可以进行杀毒设置，查看日志和病毒隔离区。

图 4—2—2 "杀毒"页面

一、杀毒设置

　　要对系统进行杀毒，首先对查毒方式进行必要的设置。

　　点击图 4—2—2 中上部的"设置"，弹出"查杀设置"界面，如图 4—2—3 所示，可以对快速查杀、全盘查杀和自定义查杀进行设置。

1. 快速查杀设置

　　点击图 4—2—3 中的"快速查杀"，出现快速查杀设置界面，如图 4—2—4 所示，可以进行快速查杀的杀毒引擎级别、自定义级别、发现病毒后处理方式、杀毒结束后的后续动作、扫描范围、制定扫描计划、记录日志和启用声音报警等设置。

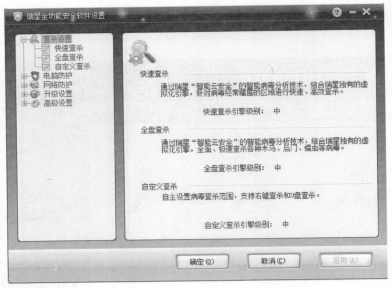

图4—2—3 "查杀设置"界面

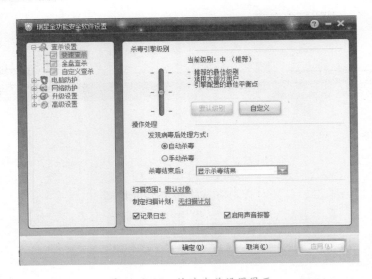

图4—2—4 快速查杀设置界面

2. 全盘查杀设置

点击图4—2—3中的"全盘查杀"，出现全盘查杀设置界面，如图4—2—5所示，可以进行全盘查杀的杀毒引擎级别、自定义级别、发现病毒后处理方式、杀毒结束后的后续动作、排除目录、制定扫描计划、记录日志和启用声音报警等设置。

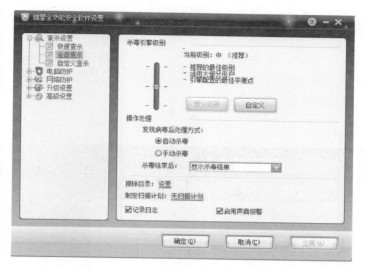

图 4—2—5　全盘查杀设置界面

3. 自定义查杀设置

点击图 4—2—3 中的"自定义查杀"，出现自定义查杀设置界面，如图 4—2—6 所示，可以进行自定义查杀的杀毒引擎级别、自定义级别、发现病毒后处理方式、杀毒结束后的后续动作、记录日志和启用声音报警等设置。

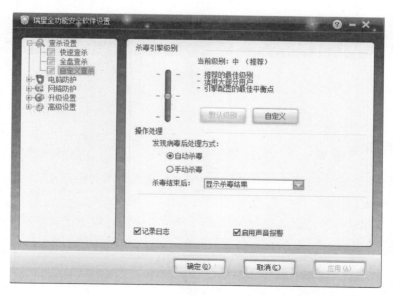

图 4—2—6　自定义查杀设置界面

二、快速查杀

点击图4—2—2中的"快速查杀"，程序会自动查杀内存、引导区、系统邮件和关键区域等重要部位的病毒情况，如图4—2—7所示，经过一段时间后，系统会把查杀结果（病毒、可疑文件）以列表的形式展现出来。

图4—2—7　快速查杀进程

三、全盘查杀

点击图4—2—2中的"全盘查杀"，程序会自动查杀所有磁盘文件的病毒情况，如图4—2—8所示。

因为文件数量很多，需要花费相当长的时间来查杀，程序把查杀结果以列表的形式展现出来，如图4—2—9所示，耗时数小时，查杀出若干个病毒。

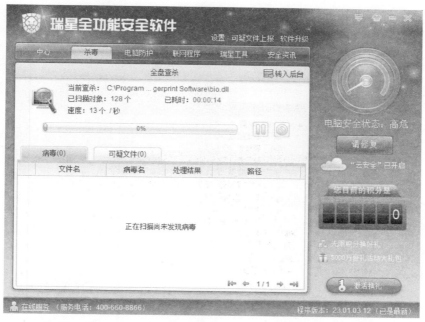

图 4-2-8 全盘查杀进程

图 4-2-9 全盘查杀结果

四、自定义查杀

点击图4—2—2中的"自定义查杀"，程序会弹出"选择查杀目标"界面，如图4—2—10所示。

图4—2—10 "选择查杀目标"界面

自定义查杀可以有选择地查杀关键部位和磁盘文件的病毒情况，这里可以对 U 盘和移动硬盘进行查杀，如选择图 4—2—10 中的 N 盘查杀。

五、查看日志

点击图 4—2—2 中的"查看日志"，程序会弹出"查看日志"界面，如图 4—2—11 所示，可以查看某个时间范围内的病毒日志统计及图表、电脑防护日志统计及图表、升级日志统计，查看有关事件说明及发现的日期，也可以备份日志、清空日志、导入日志等。

六、查看病毒隔离区

点击图 4—2—2 中的"查看病毒隔离区"，程序会弹出"瑞星病毒隔离区"界面，如图 4—2—12 所示。可查看中毒文件名称、病毒名称、隔离时间、病毒类型和处理方式等信息，也可设置隔离区的大小及目录，清空隔离区。

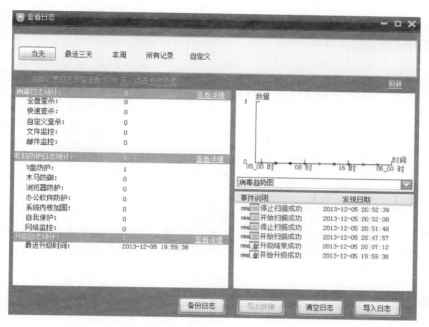

图4—2—11 "查看日志"界面

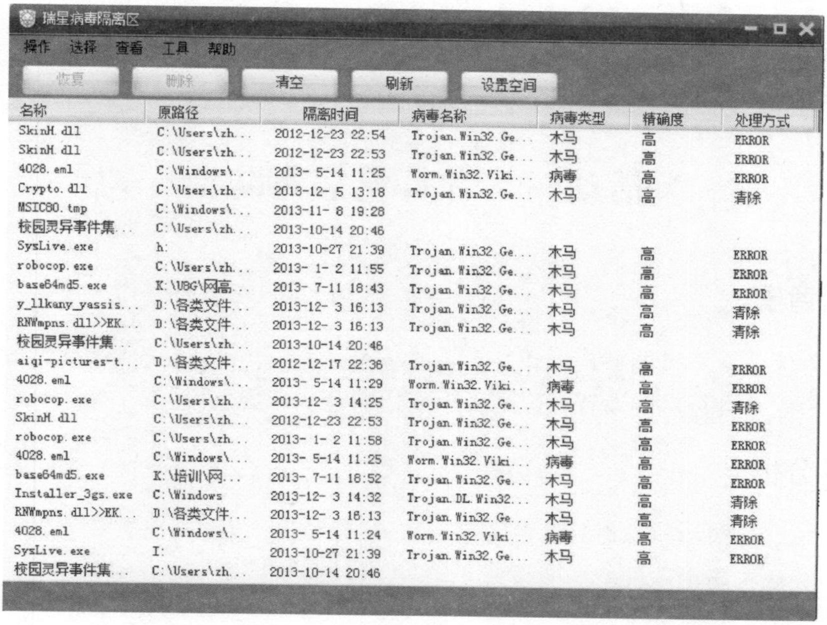

图4—2—12 "瑞星病毒隔离区"界面

知识链接

1. 木马

"木马"程序是目前比较流行的病毒文件,与一般的病毒不同,它不会自我繁殖,也并不"刻意"地去感染其他文件,它通过自身伪装吸引用户下载执行,向施种木马者提供打开被种者计算机的门户,使施种者可以任意毁坏、窃取被种者的文件,甚至远程操控被种者的计算机。

2. 后门

该类病毒的特性是通过网络传播,给系统开后门,给用户计算机带来安全隐患。2004年年初,IRC后门病毒开始在全球网络大规模出现。一方面有潜在的泄露本地信息的危险,另一方面病毒出现在局域网中使网络阻塞,影响正常工作,从而造成损失。

 拓展练习

1. 自己动手设置瑞星全功能安全软件或瑞星杀毒软件的杀毒功能。
2. 自己动手设置金山杀毒的杀毒功能。
3. 自己动手设置360杀毒的杀毒功能。
4. 自己动手设置百度杀毒的杀毒功能。

活动三 计算机病毒防治

活动背景

公司为保证计算机能够正常运行,特地安装了瑞星全功能安全软件,现要求员工对病毒防治软件进行功能设置,以最大限度地防范病毒的入侵。

活动分析

1. 了解病毒防治软件有哪些设置
2. 学会病毒防治软件的功能设置

方法与步骤

下面以瑞星全功能安全软件 2011 为例，讲述软件功能设置方法。

瑞星全功能安全软件 2011 主界面包括中心、杀毒、电脑防护、联网程序、瑞星工具和安全资讯 6 个模块，下面就电脑防护、网络维护和瑞星工具模块展开描述。

一、电脑防护模块

电脑防护模块包含文件监控、邮件监控、U 盘防护、木马防御、浏览器防护、办公软件防护和系统内核加固七大功能，如图 4—3—1 所示，电脑防护功能分为两个类别：实时监控和智能主动防御。实时监控主要通过即时应对措施来保护本地文件和邮件；智能主动防御主要是针对外来的威胁，用以保护浏览器、U 盘、文档，以免带入病毒威胁。

图 4—3—1 "电脑防护"界面

1. 文件监控

点击"文件监控"→"设置",打开文件监控设置界面,如图4—3—2所示,可以对文件监控进行杀毒引擎级别、自定义级别、发现病毒后的处理方式、添加不需监控的目录、智能提速模式、系统登录后启用监控和记录日志等设置。

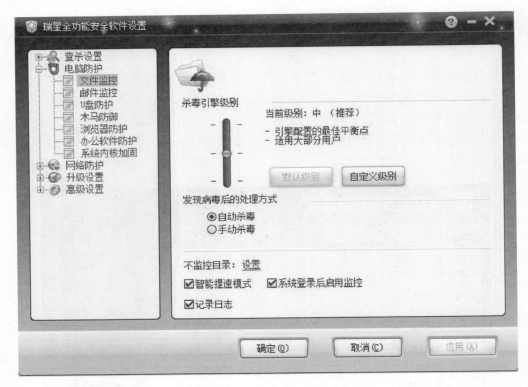

图4—3—2 文件监控设置界面

2. 邮件监控

当用户在接收或发送邮件时,邮件监控功能对邮件进行病毒扫描,防止病毒通过邮件传播,感染计算机。

邮件监控功能支持所有符合 SMTP 和 POP3 协议的邮件客户端,如 Foxmail 和 Outlook 等。当用户选择发送和接收邮件的时候,邮件监控会自动进行扫描工作。

点击"邮件监控"→"设置",打开邮件监控设置界面,如图4—3—3所示,可以对邮件监控进行杀毒引擎级别、自定义级别、发现病毒后的处理方式、邮件客户端参数设置和记录日志等设置。

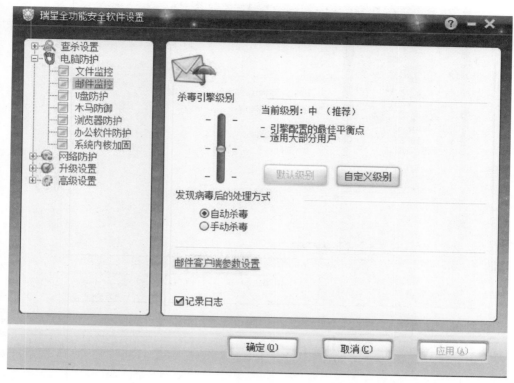

图 4—3—3 邮件监控设置界面

3. U 盘防护

当用户插入 U 盘、移动硬盘、智能手机等移动设备时，瑞星将自动拦截并查杀木马、后门、病毒等，防止其通过移动设备入侵用户系统。

点击"U 盘防护"→"设置"，打开 U 盘防护设置界面，如图 4—3—4 所示，可以对 U 盘防护进行阻止 U 盘病毒自动运行、阻止所有程序创建 autorun.ini 文件、设置例外程序、U 盘接入扫描和记录日志等设置。

4. 木马防御

基于瑞星虚拟化引擎和"智能云安全"，在操作系统内核运用瑞星动态行为分析技术，实时拦截特种未知木马、后门、病毒等恶意程序。

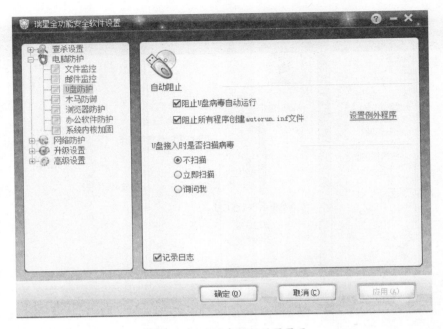

图 4—3—4 U 盘防护设置界面

点击"木马防御"→"设置",打开木马防御设置界面,如图 4—3—5 所示,可以对木马防御进行行为分析引擎级别、发现未知木马时的处理、不检测的程序文件(包含数字签名的程序文件、"云安全"中的安全文件)、白名单和记录日志等设置。

5. 浏览器防护

瑞星全功能安全软件 2011 可以主动为 IE、Firefox 等浏览器进行内核加固,实时阻止特种未知木马、后门、蠕虫等病毒利用漏洞入侵计算机。该防护功能会自动扫描计算机中的多款浏览器,拦截恶意脚本,预防漏洞引发的攻击,防止恶意程序通过浏览器入侵用户系统,满足个性化需求。

点击"浏览器防护"→"设置",打开浏览器防护设置界面,如图 4—3—6 所示,可以对浏览器防护进行防御未知漏洞攻击、浏览器防挂马,当启动浏览器时显示防护提示框和记录日志等设置。

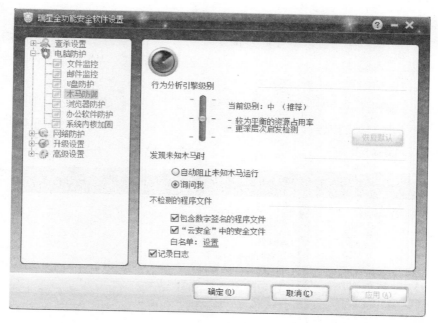

图4—3—5　木马防御设置界面

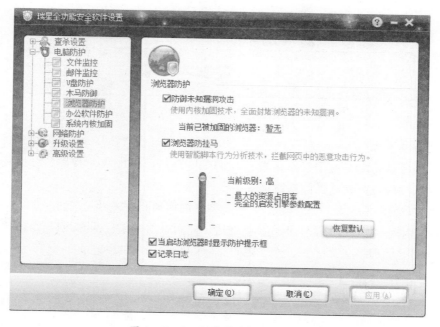

图4—3—6　浏览器防护设置界面

6. 办公软件防护

在使用 Office、WPS、PDF 等办公软件时，实时阻止特种未知木马、后门、蠕虫等病毒利用漏洞入侵计算机，防止感染型病毒通过 OFFICE、WPS 等办公软件入侵用户系统，有效保护用户文档数据安全。

点击"办公软件防护"→"设置"，打开办公软件防护设置界面，如图 4—3—7 所示，可以对办公软件防护进行防御未知漏洞攻击、当启动办公软件时显示防护提示框和记录日志等设置。

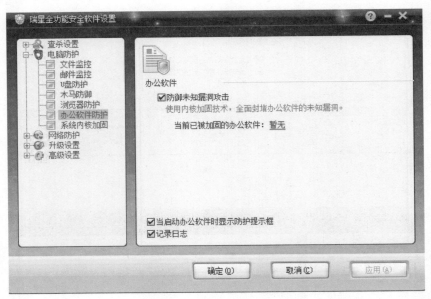

图 4—3—7　办公软件防护设置界面

7. 系统内核加固

通过瑞星"智能云安全"对病毒行为的深度分析，借助人工智能，实时检测、监控、拦截各种病毒行为，加固系统内核。

点击"系统内核加固"→"设置"，打开系统内核加固设置界面，如图 4—3—8 所示，可以对系统内核加固进行控制模板选择并修改、控制对象选择及设置、不检测的程序文件（包含数字签名的程序文件、"云安全"中的安全文件）、白名单和记录日志等设置。

二、网络防护模块

网络防护模块包含程序联网控制、网络攻击拦截、恶意网址拦截、ARP 欺骗防御、对外攻击拦截、网络数据保护和 IP 规则设置七大功能，如图 4—3—9 所示。

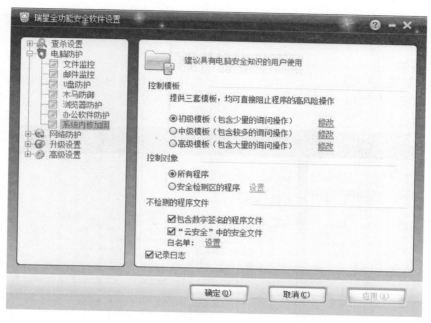

图4—3—8 系统内核加固设置界面

图4—3—9 "网络防护"模块

可以综合使用这些功能，以屏蔽不良网站、防御网络威胁，保证计算机系统的信息安全。

1. 程序联网控制

点击"程序联网控制"→"设置"，打开程序联网控制设置界面，如图4—3—10所示。

图4—3—10　程序联网控制设置界面

可以对程序联网控制进行增加和删除程序联网规则、修改程序联网规则、高级选项、导入和导出规则文件、查看模块规则、清理无效规则、单位程序路径和启用家长保护等设置。

2. 网络攻击拦截

通过使用此功能，可以最大限度地避免因为系统漏洞等问题而遭受黑客或病毒的入侵攻击。

点击"网络攻击拦截"→"设置"，打开网络攻击拦截设置界面，如图4—3—11所示。

可以对网络攻击拦截进行规则名称、自动屏蔽攻击来源的时间、启用声音报警等设置。

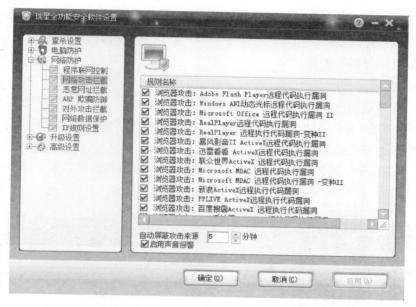

图 4—3—11　网络攻击拦截设置界面

3. 恶意网址拦截

点击"恶意网址拦截"→"设置",打开恶意网址拦截设置界面,如图 4—3—12 所示。

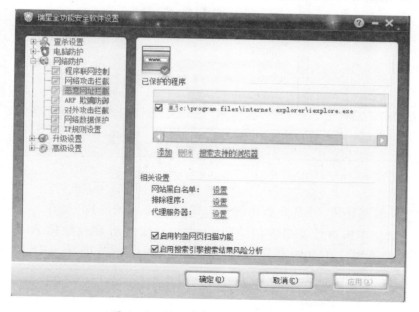

图 4—3—12　恶意网址拦截设置界面

可以对恶意网址拦截进行已保护程序的添加和删除、搜索支持的浏览器、网站的黑白名单、不监控的程序、使用的代理服务器、启用钓鱼网页扫描功能和启用搜索引擎搜索结果风险分析等设置。

4. ARP 欺骗防御

智能检测局域网内的 ARP 攻击及攻击源，针对出站、入站的 ARP 进行检测，并且能够检测可疑的 ARP 请求，分别对各种攻击标示严重等级，方便企业 IT 人员快速准确地解决网络安全隐患。

点击"ARP 欺骗防御"→"设置"，打开 ARP 欺骗防御设置界面，如图 4—3—13 所示。

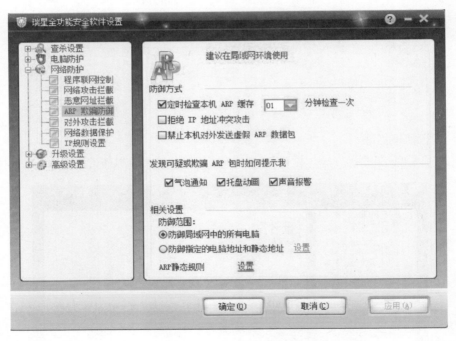

图 4—3—13 ARP 欺骗防御设置界面

可以对局域网环境 ARP 欺骗防御进行定时检查本机 ARP 缓存、拒绝 IP 地址冲突攻击、禁止本机对外发送虚假 ARP 数据包、发现可疑或欺骗 ARP 包时的提示方式（气泡通知、托盘动画和声音报警）、选择防御范围和 ARP 静态规则等设置。

5. 对外攻击拦截

点击"对外攻击拦截"→"设置"，打开对外攻击拦截设置界面，如图 4—3—14 所示。

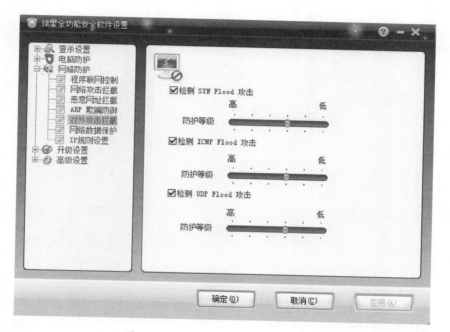

图 4—3—14 对外攻击拦截设置界面

可以对对外攻击拦截进行检测 SYN Flood 攻击防护等级、检测 ICMP Flood 攻击防护等级和检测 UDP Flood 攻击防护等级等设置。

6. 网络数据保护

点击"网络数据保护"→"设置"，打开网络数据保护设置界面，如图 4—3—15 所示。

可以对网络数据保护进行启用端口隐身、发现端口扫描时的提示方式（气泡通知、托盘动画和声音报警）和启用 MSN 聊天加密等设置。

7. IP 规则设置

点击"IP 规则设置"→"设置"，打开 IP 规则设置界面，如图 4—3—16 所示。

可以对 IP 规则设置进行 IP 规则的增加和删除、修改 IP 规则、可信区、黑白名单和端口开关等设置。

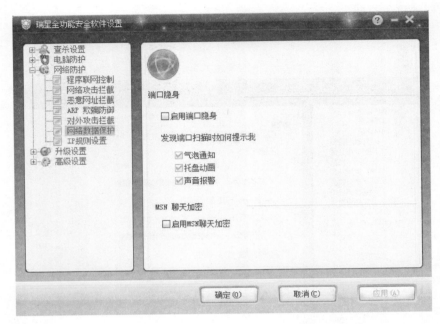

图 4—3—15　网络数据保护设置界面

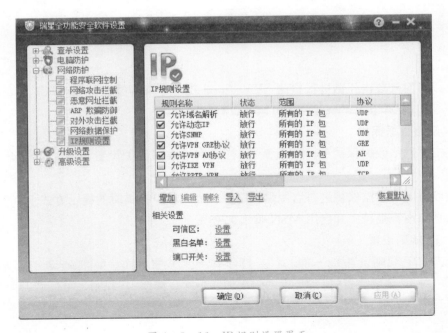

图 4—3—16　IP 规则设置界面

三、瑞星工具模块

瑞星工具页面如图 4—3—17 所示，包含卡卡上网安全助手、瑞星助手、引导区还原、瑞星安装包制作、账号保险柜、病毒库 U 盘备份和 Linux 引导盘制作七大功能。下面就其中的引导区还原和瑞星安装包制作展开讲解。

图 4—3—17　瑞星工具页面

1. 引导区还原

使用安全工具可以备份或者恢复引导区数据。

（1）点击"引导区还原"，弹出"引导区还原"对话框，如图 4—3—18 所示，可以进行备份引导区或恢复引导区。

（2）如果备份引导区，直接点击"下一步"，弹出"准备引导区备份"界面，如图 4—3—19 所示，选择要备份的目录，点击"确定"。

（3）如果恢复引导区，则选择图 4—3—18 中的"恢复引导区"，然后点击"下一步"，弹出"准备恢复引导区"界面，如图 4—3—20 所示，选择已备份的目录，点击"确定"。

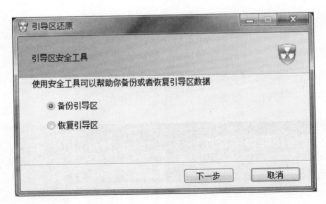

图4—3—18 "引导区还原"对话框

图4—3—19 "准备引导区备份"界面

图4—3—20 "准备恢复引导区"界面

2. 瑞星安装包制作

将当前计算机上已安装的瑞星全功能安全软件制作成安装包，便于在重装系统后直接用安装包安装瑞星全功能安全软件，恢复为制作安装包时的版本。

（1）点击"瑞星安装包制作"，弹出"瑞星安装包制作程序"对话框，如图4—3—21所示。

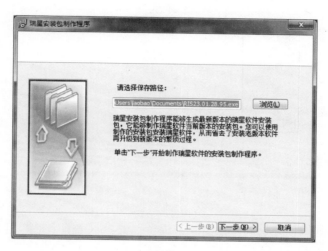

图4—3—21 "瑞星安装包制作程序"对话框

（2）选择要保存安装包的路径，点击"下一步"，程序开始自动制作，如图4—3—22所示。

图4—3—22 瑞星安装包制作进程

（3）数分钟后，弹出如图4—3—23所示的界面，点击"完成"，瑞星安装包制作全部完成。

图4—3—23　瑞星安装包制作完毕

（4）可以在其他计算机上运行该安装包来安装该版本的瑞星软件了。

 知识链接

计算机病毒防护

做好计算机病毒预防是防治病毒的关键。计算机病毒预防措施如下：

1. 不使用盗版或来历不明的软件，特别不能使用盗版的杀毒软件。

2. 写保护所有系统软盘。

3. 安装真正有效的防毒软件，并经常进行升级。

4. 新购买的计算机在使用之前首先要进行病毒检查，以免机器带毒。

5. 准备一张干净的系统引导盘，并将常用的工具软件复制到该盘上，然后妥善保存。此后一旦系统受到病毒侵犯，就可以使用该盘引导系统，进行检查、杀毒等操作。

6. 对外来程序要使用查毒软件进行检查，未经检查的可执行文件不能拷入硬盘，更不能使用。

7. 尽量不要使用软盘启动计算机。

8. 将硬盘引导区和主引导扇区备份下来，并经常对重要数据进行备份。

 **拓展练习**

1. 自己动手设置瑞星全功能安全软件或瑞星防火墙的防护功能。
2. 自己动手设置金山卫士的防护功能。
3. 自己动手设置 360 安全卫士的防护功能。
4. 自己动手设置百度卫士的防护功能。

XIANGMUWU

项目五　系统软件维护——硬件性能检测

引言

通过本项目的学习与操作，学员将了解计算机硬件参数的检测方法，并能正确使用 Windows 自带的性能检测工具对系统进行检测。

活动 使用硬件检测工具

活动背景

小张因学习需要，从网上购买了一台笔记本计算机，拿到了计算机后，他想知道自己买的这台笔记本计算机性能如何。

活动分析

1. 了解计算机硬件参数的检测方法
2. 正确使用 Windows 自带的性能检测工具对系统进行检测

方法与步骤

使用 Windows 7 系统性能评分工具给系统打分

1. 打开"控制面板"，如图 5—1—1 所示。

图 5—1—1 打开"控制面板"

2. 点击"性能信息和工具",进入"性能信息和工具"窗口,如图 5—1—2 所示。

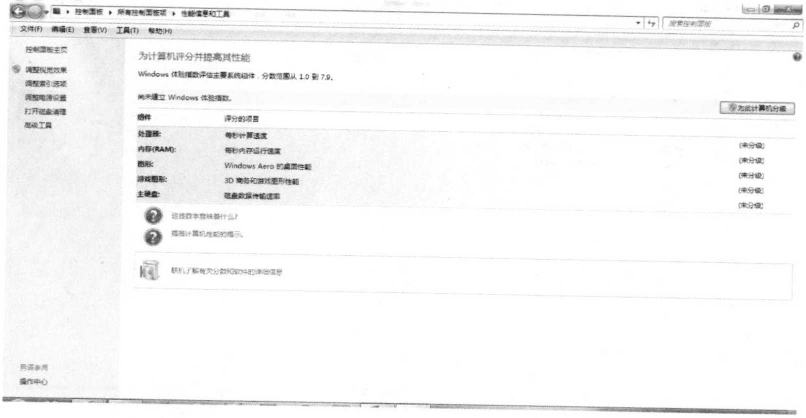

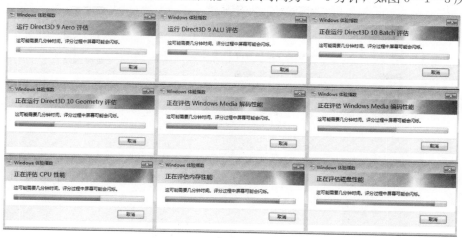

图 5—1—2 "性能信息和工具".窗口

3. 在"性能信息和工具"窗口中,可以看到一条"尚未建立 Windows 体验指数"的提示,然后单击右边的"为此计算机分级"按钮,开始为计算机硬件进行评分测试,测试的顺序依次是显卡、CPU、内存及磁盘性能,测试时间为 3~5 分钟,如图 5—1—3 所示。

图 5—1—3 测试评分过程

4. 评分运行结束后,可以看到如图 5—1—4 所示的评分表。

5. 单击"查看和打印详细的性能和系统信息",打开"计算机的详细信息"窗口,在该窗口中,被测计算机的硬件信息一览无余,系统还会根据测试的结果,给出一个合理的硬件升级建议,如图 5—1—5 所示。

图 5—1—4　系统评分表

图 5—1—5　计算机的详细信息

知识链接

如何判断一台计算机性能的优劣

一个完整的计算机系统是由硬件系统和软件系统组成的有机整体，硬件系统是计算机的基础，在这个基础里面，又由 CPU、内存、显示卡、主板、电源、各类扩展槽及扩展功能卡构成，每一个组成部分都有着其特定的功能，影响计算机性能的参数指标也有许多。通常情况下，要判断一台计算机性能优劣，应该先确定该计算机的主要用途是什么，然后再从每个硬件的关键参数上判断它是否可以胜任工作要求。一味地追求高性能，而忽视其他工作的环境要求，可能会造成不必要的浪费。下面就计算机中相关硬件指标做以下阐述：

CPU：英文全称是"Central Processor Unit"，即"中央处理器单元"。它在 PC 机中的作用相当于大脑在人体中的作用，所有的程序都是由它来运行的。

主板：又叫"Mother Board"（母板）。它其实就是一块电路板，上面布满各种电路。它可以说是 PC 机的神经系统，CPU、内存、显示卡、声卡等都是直接安装在主板上的，而硬盘、软驱等部件也需要通过数据线缆和主板连接。

内存：与磁盘等外部存储器相比较，内存是指 CPU 可以直接读取的内部存储器，主要是以芯片的形式出现。内存又叫"主存储器"，简称"主存"。一般见到的内存芯片是条状的，也叫"内存条"，需要插在主板上的内存槽中才能工作。

显卡：又称为显示卡，是连接显示器和 PC 机主板的重要元件。它是插在主板上的扩展槽里的。它主要负责把主机向显示器发出的显示信号转化为一般电信号，使得显示器能明白 PC 机让它输出什么内容。

硬盘：硬盘的英文是"Hard Disk"。它的外观大小一般是 3.5 英寸。硬盘的容量一般以 M（兆）和 G（1 000 兆）计算。

拓展练习

请根据 WIN7 系统的性能信息和工具检测出来的信息，填写表 5—1—1。

表 5—1—1　　　　　　　　　　　系统信息

名称	信息
CPU 型号	
内存大小	
网卡型号	
硬盘大小	
Windows 版本	

XIANGMULIU

项目六 系统软件维护——
系统文件备份与还原

引言

系统文件是操作系统能流畅运行的基础，一旦系统文件遭到破坏，导致系统崩溃，计算机将无法正常运行，因此，系统文件的备份与还原显得尤为重要。通过本项目的学习与操作，使学员能掌握对系统文件进行备份和还原的技能，并能制作及使用启动光盘。

活动一　启动光盘的制作与使用

活动背景

为了在计算机操作系统瘫痪的情况下能启动计算机，小张想制作一张启动光盘。

活动分析

1. 能使用 WIN7 的创建系统修复光盘功能进行启动光盘的制作
2. 能使用启动光盘

方法与步骤

一、启动光盘的制作

1. 单击"开始"→"控制面板"，打开控制面板，如图 6—1—1 所示。

图 6—1—1　启动"控制面板"

2. 在"控制面板"窗口中，选择"系统和安全"中的"备份您的计算机"命令，如图 6—1—2 所示。

图 6—1—2 "控制面板"窗口

3. 在"备份或还原文件"界面的左窗格中，单击"创建系统修复光盘"命令，如图 6—1—3 所示。

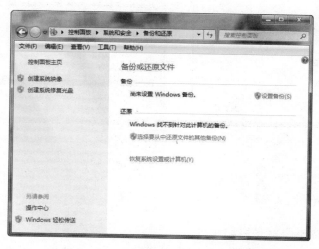

图 6—1—3 "备份或还原文件"界面

4. 在"创建系统修复光盘"窗口中，选择相应的光盘驱动器，单击"创建光盘（R）"按钮，如图 6—1—4 所示。

5. 出现"正在创建光盘..."提示信息界面，如图 6—1—5 所示。

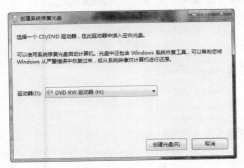
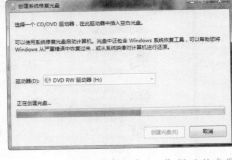

图 6—1—4 "创建系统修复光盘"窗口　　图 6—1—5 "正在创建光盘..."提示信息界面

6. 系统修复光盘创建完毕后，出现信息提示界面，单击"关闭"按钮，如图 6—1—6 所示。

7. 系统修复光盘完成，单击"确定"按钮，如图 6—1—7 所示。

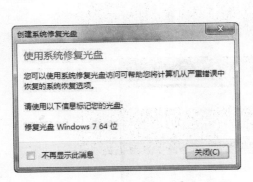
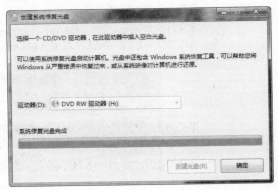

图 6—1—6　信息提示界面　　　　　图 6—1—7　系统修复光盘完成界面

二、使用启动光盘

系统修复光盘本身就是启动光盘。

1. 在计算机的 CMOS 设置中，将光盘设置为第一启动盘，如图 6—1—8 所示。

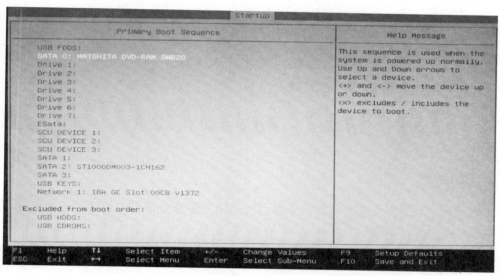

图 6—1—8 CMOS启动盘顺序设置界面

2. 将制作完成的系统修复光盘放入光驱中，在计算机屏幕提示"Press any key to boot from CD or DVD"信息时，按下任意键，即可从光盘启动，如图 6—1—9 所示。

图 6—1—9 按任意键从光盘启动提示信息

3. 从光盘启动界面如图 6—1—10 所示。

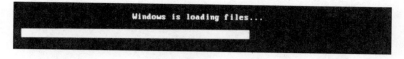

图 6—1—10 从光盘启动界面

 知识链接

启动光盘是一种具有特殊功能的盘，主要用于当系统崩溃时启动计算机，以便查找错误原因或重装系统。启动光盘中含有DOS常见命令，可在DOS环境下完成磁盘分区、磁盘格式化以及文件复制等操作。同时，启动光盘还可自动加载合适的光盘驱动程序以便访问光驱并开始重新安装。

拓展练习

请查阅互联网相关资料，制作启动 U 盘。

活动二　系统备份与还原

活动背景

为了防止系统文件遭到破坏，导致系统崩溃而带来烦琐的系统重装，小张需要对计算机系统盘进行备份。

活动分析

1. 能利用 GHOST 软件进行系统的备份与还原
2. 能使用 WIN7 自带的备份工具进行系统的备份与还原

方法与步骤

一、利用 GHOST 软件进行系统备份

1. 运行 GHOST 软件，进入 GHOST 界面，如图 6—2—1 所示。

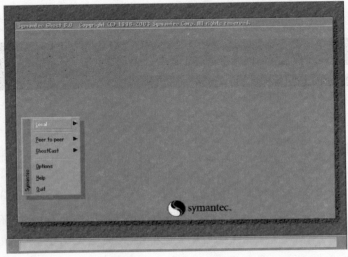

图 6—2—1　GHOST 软件界面

2. 选择 "Local/Partition/To image"（本地/分区/到镜像）命令，如图 6—2—2 所示。

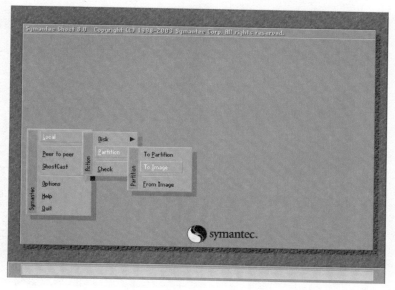

图 6—2—2 选择相应的菜单命令

3. 在"选择源盘"界面中，选择第一个硬盘，单击"OK"按钮，如图 6—2—3 所示。

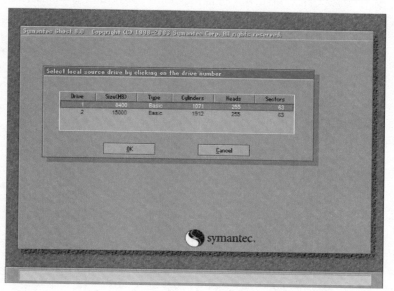

图 6—2—3 "选择源盘"界面

4. 在"选择源分区"界面中，选择第一个分区，即 C 盘，单击"OK"按钮，如图 6—2—4 所示。

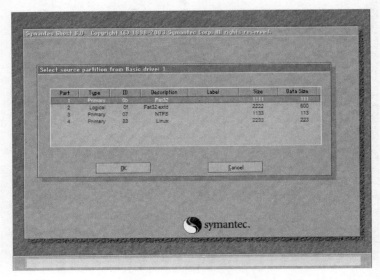

图 6—2—4 "选择源分区"界面

5. 在"保存镜像文件"界面中，将镜像文件以"System. gho"保存在 D 盘，单击"Save"按钮，如图 6—2—5 所示。

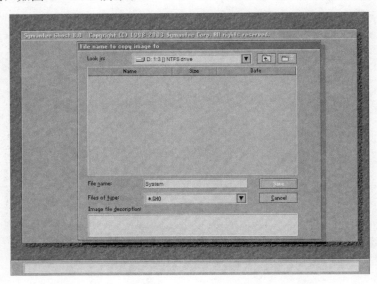

图 6—2—5 "保存镜像文件"界面

6.在弹出的"压缩镜像文件"界面中，单击"No"按钮，即不压缩，如图6—2—6所示。

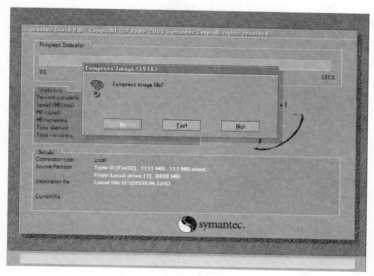

图6—2—6 "压缩镜像文件"界面

7.在"确认"界面中，单击"Yes"按钮，开始创建镜像文件，如图6—2—7所示。

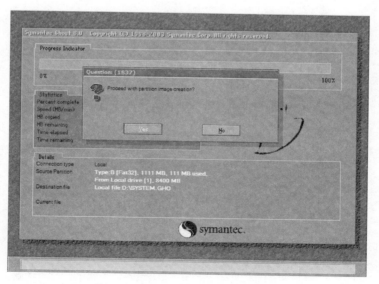

图6—2—7 创建镜像文件确认界面

8. 镜像文件创建完毕后，出现确认界面，单击"Continue"按钮，可以继续其他操作，如图 6—2—8 所示。

图 6—2—8　系统备份完毕

二、利用 GHOST 软件进行系统还原

1. 选择"Local/Partition/From image"（本地/分区/来自镜像）命令，如图 6—2—9 所示。

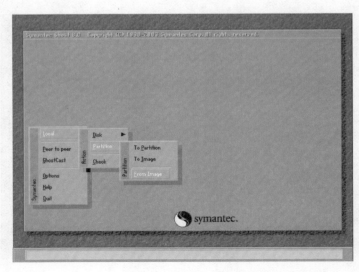

图 6—2—9　选择相应的菜单命令

2. 在"选择源镜像文件"界面中，选择相应的镜像文件，单击"Open"按钮，如图 6—2—10 所示。

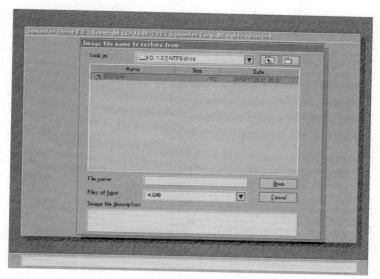

图 6—2—10 "选择源镜像文件"界面

3. 根据镜像文件中所包含的备份分区，显示相关信息，单击"OK"按钮，如图 6—2—11 所示。

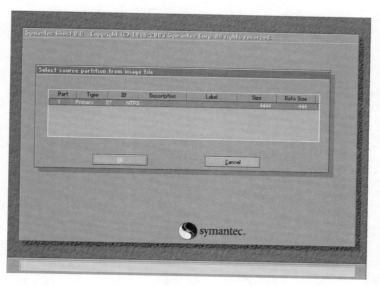

图 6—2—11 备份分区信息

4. 在"选择目标盘"界面中，选择第一个硬盘，单击"OK"按钮，如图6—2—12 所示。

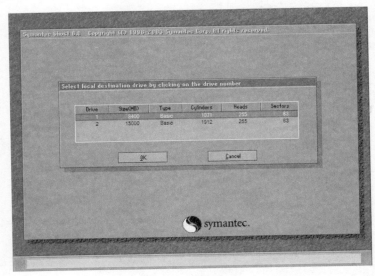

图6—2—12 "选择目标盘"界面

5. 在"选择还原目标分区"界面中，选择第一个分区，即 C 盘，单击"OK"按钮，如图6—2—13 所示。

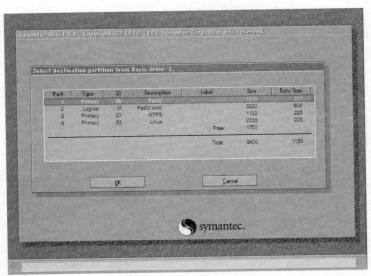

图6—2—13 "选择还原目标分区"界面

6. 在弹出的"确认"界面中，单击"Yes"按钮，开始进行系统还原，如图6—2—14所示。

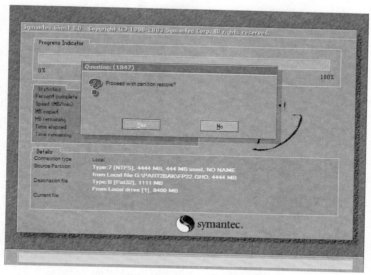

图6—2—14　还原确认

7. 还原完成后，在"确认"界面中单击"Reset Computer"按钮，重启计算机，完成系统的还原，如图6—2—15所示。

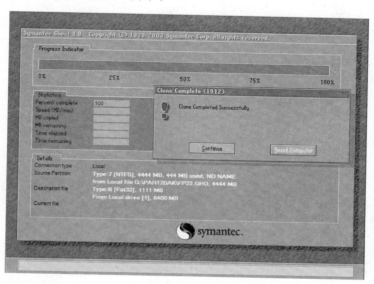

图6—2—15　还原完成

三、利用 WIN7 自带备份工具进行系统备份

1. 单击"开始"→"控制面板"，打开控制面板，如图 6—2—16 所示。

图 6—2—16　启动控制面板

2. 在"控制面板"窗口中，选择"系统和安全"中的"备份您的计算机"命令，如图 6—2—17 所示。

图 6—2—17　"控制面板"窗口

3. 在"备份或还原文件"界面的左窗格中，单击"创建系统映像"命令，如图 6—2—18 所示。

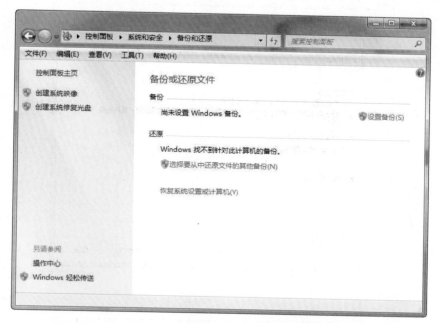

图 6—2—18 "备份或还原文件"界面

4. 出现"正在查找备份设备 ..."提示界面，如图 6—2—19 所示。

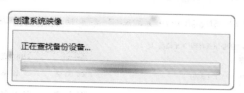

图 6—2—19 "正在查找备份设备 ..."提示界面

5. 在"您想在何处保存备份？"界面中，选择"本地磁盘（F：）"，单击"下一步"按钮，如图 6—2—20 所示。

6. 在"您要在备份中包括哪些驱动器"界面中，仅选择"（C：）（系统）"，单击"下一步"按钮，如图 6—2—21 所示。

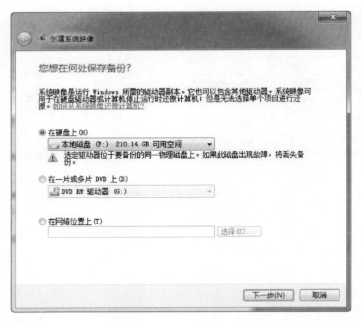

图 6—2—20 "您想在何处保存备份?"界面

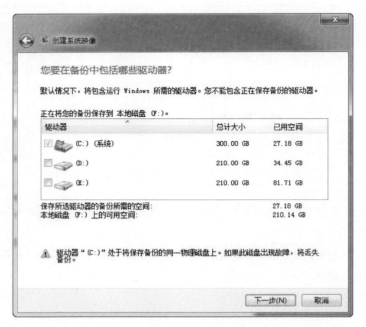

图 6—2—21 "您要在备份中包括哪些驱动器"界面

7. 在确认备份信息后，单击"开始备份"按钮，如图 6—2—22 所示。

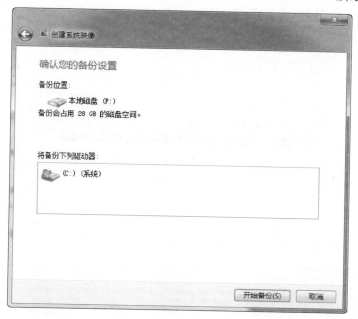

图 6—2—22　信息确认

8. 出现"Windows 正在保存备份…"界面，如图 6—2—23 所示。
9. 最后备份成功完成，单击"关闭"按钮，如图 6—2—24 所示。

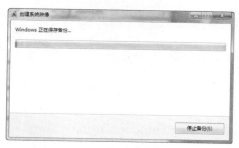

图 6—2—23　"Windows 正在
保存备份…"界面

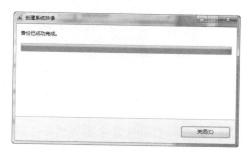

图 6—2—24　备份成功完成

四、利用系统修复光盘和系统备份文件进行系统还原

1. 设置 CMOS，将光盘设置为第一启动盘，在计算机屏幕提示"Press any key

to boot from CD or DVD"信息时，按下任意键，从光盘启动，启动完成后出现如图6—2—25所示界面，在键盘布局中选择"Chinese（Simplified）- US Keyboard"。

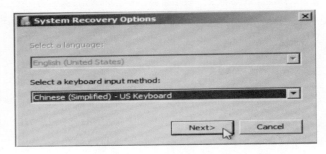

图6—2—25　键盘布局选择

2. 出现搜索 Windows 安装信息界面，如图6—2—26所示。

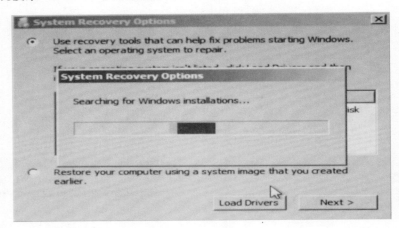

图6—2—26　搜索 Windows 安装信息界面

3. 在选择系统恢复来源界面中，选择"Restore your computer using a system image that you created earlier"（使用以前创建的系统映像还原计算机系统）选项，单击"Next"按钮，如图6—2—27所示。

4. 在选择还原映像界面中，选择"Select a system image"（选择一个系统映像），单击"Next"按钮，如图6—2—28所示。

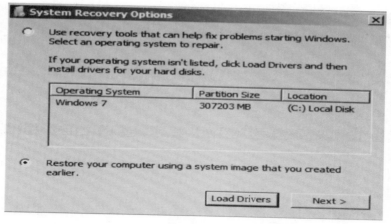

图 6—2—27 选择系统恢复来源

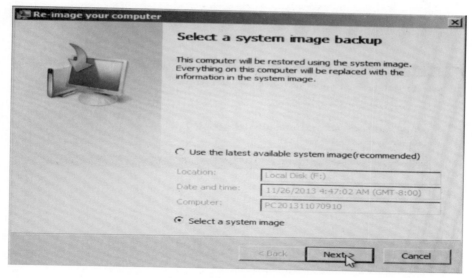

图 6—2—28 选择还原映像

5. 在选择系统映像界面中，选择之前所制作的保存在 F 盘中的系统映像，单击"Next"按钮，如图 6—2—29 所示。

6. 根据所选择的系统映像，显示该映像的相关信息，单击"Next"按钮，如图 6—2—30 所示。

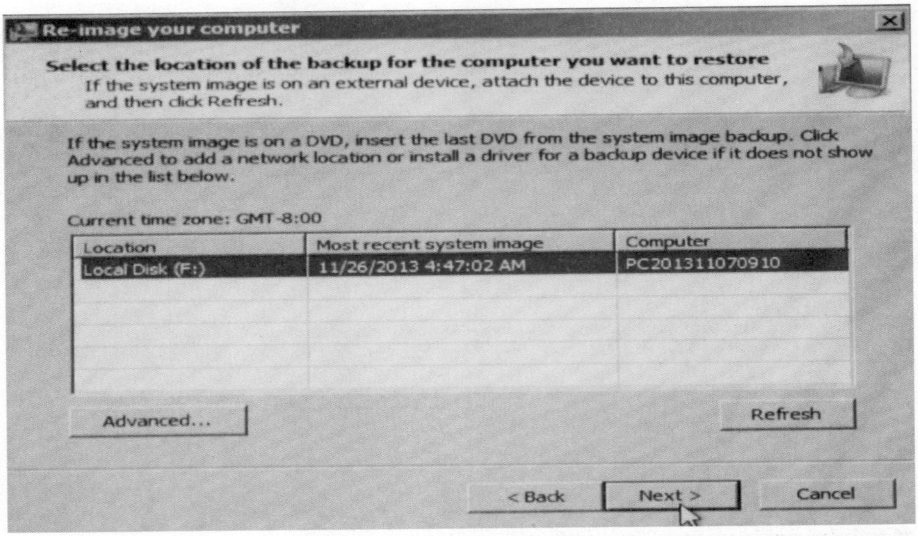

图 6—2—29　选择系统映像

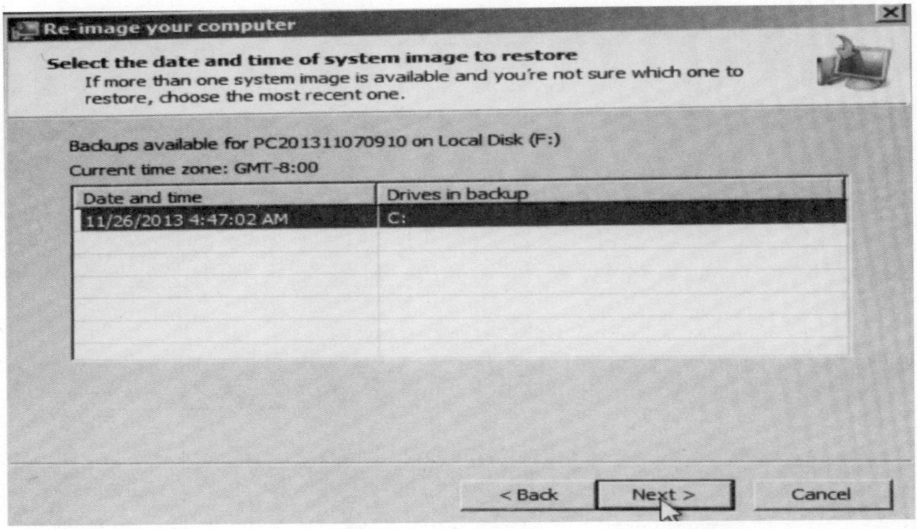

图 6—2—30　系统映像信息

7. 在更改附加还原信息界面中，保持默认，单击"Next"按钮，如图 6—2—31 所示。

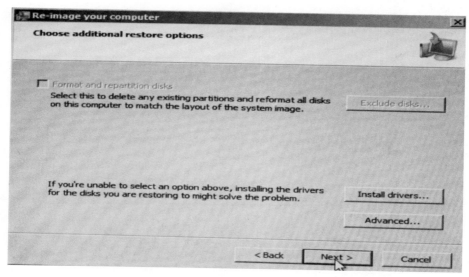

图6—2—31 更改附加还原信息

8. 在还原系统映像的信息确认界面中，单击"Finish"按钮，如图6—2—32所示。

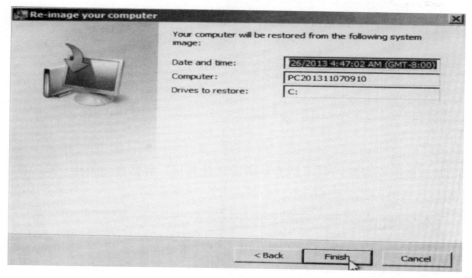

图6—2—32 还原系统映像信息确认

9. 在"目标驱动器数据将被覆盖，是否需要继续？"界面中，单击"Yes"按钮，开始系统还原，如图6—2—33所示。

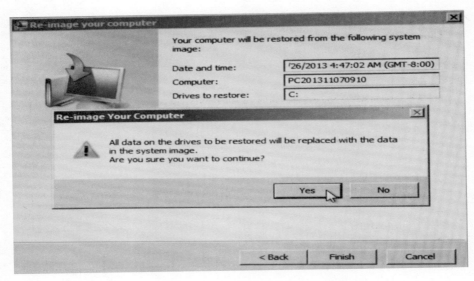

图 6—2—33 还原提示与确认

10. 系统开始还原,如图 6—2—34 所示。

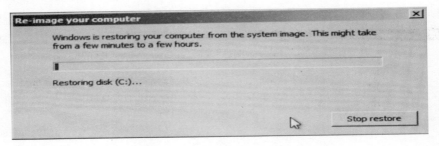

图 6—2—34 还原进行中

11. 系统还原完成后,在"是否立即重启计算机"界面中,单击"Restart now"按钮,重启计算机,完成系统还原,如图 6—2—35 所示。

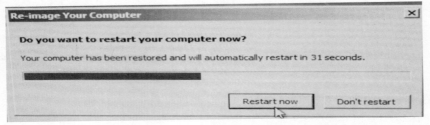

图 6—2—35 系统还原完成提示是否重启计算机

知识链接

1. GHOST 功能

使用 Ghost 进行系统备份，有整个硬盘（Disk）和分区硬盘（Partition）两种方式。在菜单中点击 Local（本地）项，在右面弹出的菜单中有 3 个子项，其中 Disk 表示备份整个硬盘（即克隆）、Partition 表示备份硬盘的单个分区、Check 表示检查硬盘或备份的文件，查看是否可能因分区、硬盘被破坏等造成备份或还原失败。

2. 系统映像

系统映像是驱动器的精确副本。默认情况下，系统映像包含 Windows 运行所需的驱动器。它还包含 Windows 和系统设置、程序及文件。如果硬盘或计算机无法工作，则可以使用系统映像来还原计算机的内容。从系统映像还原计算机时，将进行完整还原。不能选择个别项进行还原。当前的所有程序、系统设置和文件都将被系统映像中的相应内容替换。

 拓展练习

1. 使用 GHOST 软件将整个硬盘备份为镜像文件。
2. 使用 WIN7 的创建还原点进行系统还原。

XIANGMUQI

项目七 系统软件维护——文件、资料备份与还原

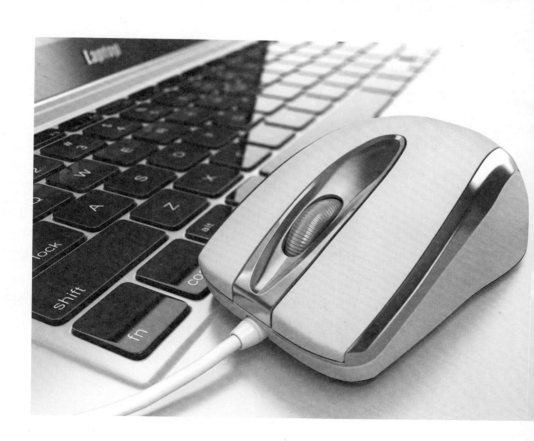

引言

计算机中的文件和资料的备份是防止受到病毒破坏、误操作等导致数据丢失的有效手段。通过本项目的学习与操作，使学员能利用相关软件对计算机中的文件和资料进行备份和还原。

活动一　文件夹备份与还原

活动背景

在吸取了前期由于误操作而导致数据丢失的教训后，小张准备将 D 盘中"工作资料"重要文件夹于每个月 20 日 20 点进行备份。

活动分析

1. 能了解备份与还原的概念
2. 能使用 WIN7 中备份与还原工具

方法与步骤

一、备份文件夹

1. 单击"开始"→"控制面板"，打开"控制面板"窗口，如图 7—1—1 所示。

2. 在打开的"控制面板"窗口中，选择"系统和安全"中的"备份您的计算机"命令，如图 7—1—2 所示。

3. 在"备份或还原文件"界面中，单击"设置备份（S）"命令，如图 7—1—3 所示。

4. 在弹出的"选择要保存备份的位置"对话框中，设置"保存备份的位置"为 F 盘，单击"下一步"按钮，如图 7—1—4 所示。

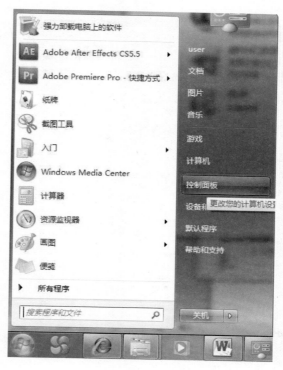

图 7—1—1 运行"控制面板"

图 7—1—2 "控制面板"窗口

图 7—1—3 "备份或还原文件"界面

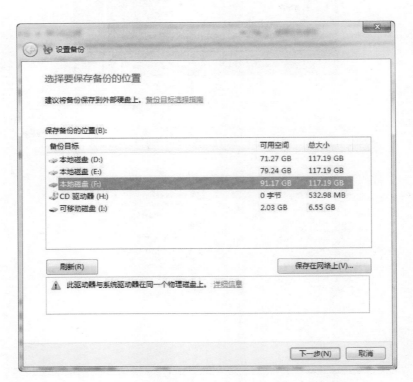

图 7—1—4 "选择要保存备份的位置"对话框

5. 在"您希望备份哪些内容?"对话框中,选择"让我选择"单选项,单击"下一步"按钮,如图7—1—5所示。

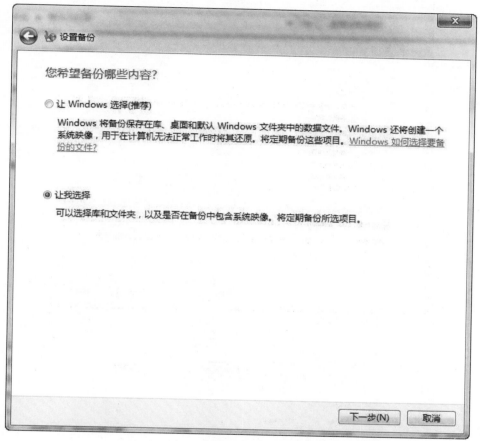

图7—1—5 "您希望备份哪些内容?"对话框

6. 在弹出的选择具体备份内容对话框中,选择"D:\工作资料"文件夹,取消选择"包括驱动器(C:)的系统映像(S)"前的复选框,单击"下一步"按钮,如图7—1—6所示。

7. 在"查看备份设置"对话框中,为了定制备份计划,单击"更改计划"命令,如图7—1—7所示。

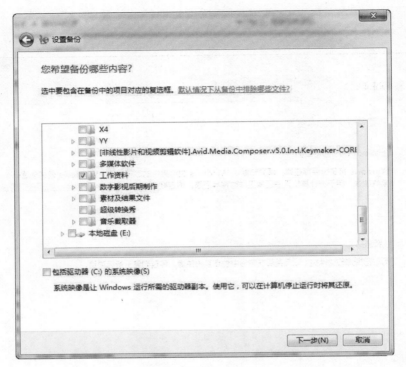

图7—1—6 选择具体备份内容对话框

图7—1—7 "查看备份设置"对话框

8. 在"您希望多久备份一次？"对话框中，选择每月 20 号 20 点，确保选中"按计划运行备份（推荐）（S）"复选框，单击"确定"按钮，如图 7—1—8 所示，并在所返回的"查看备份设置"对话框中，单击"保存设置并运行备份"按钮。

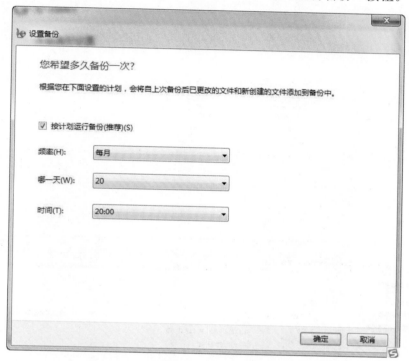

图 7—1—8 "您希望多久备份一次"对话框

9. 系统开始备份文件，如图 7—1—9 所示。

10. 备份完成后，可以看到"管理空间"和"更改设置"命令，如图 7—1—10 所示。

11. 单击"管理空间"命令，可以看到备份所在磁盘的信息，如图 7—1—11 所示。

12. 单击"查看备份（V）..."按钮，能看到备份数据文件的信息，根据需要，可以进行删除操作，如图 7—1—12 所示。

图 7—1—9 开始备份文件界面

图 7—1—10 完成备份后的界面

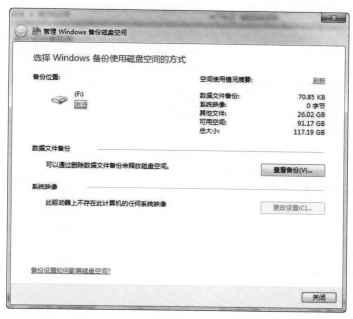

图 7—1—11　备份所在磁盘的信息

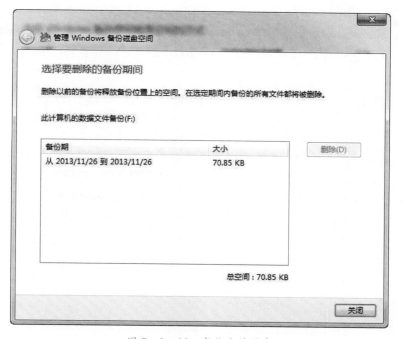

图 7—1—12　备份文件信息

13. 打开 F 盘，可以看到产生的备份文件夹"TYH"，文件夹是以计算机名称命名的，如图 7—1—13 所示。

图 7—1—13　备份文件夹

二、还原文件夹

由于误操作，"D：\工作资料"文件夹被彻底删除了，下面简介还原此文件夹的操作。

1. 双击备份文件夹"TYH"，弹出"为所选备份选择以下选项"界面，如图 7—1—14 所示。

2. 在"浏览或搜索要还原的文件和文件夹的备份"界面中，单击"浏览文件夹(O)"按钮，如图 7—1—15 所示。

3. 选择备份文件中的"D：的备份"，单击"添加文件夹"按钮，如图 7—1—16 所示。

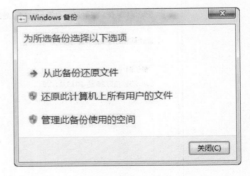

图 7—1—14　"为所选备份选择
以下选项"界面

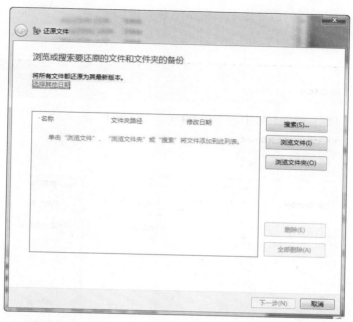

图 7—1—15 "浏览或搜索要还原的文件和文件夹的备份"界面

图 7—1—16 选择备份源

4. 可以看到所选择的需要还原的备份信息，如图 7—1—17 所示，单击"下一步"按钮。

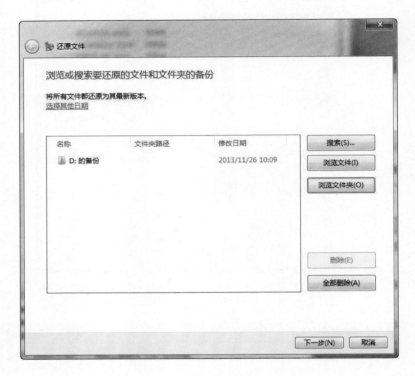

图 7—1—17 所选择的需要还原的备份信息

5. 在"您想在何处还原文件?"界面中，选择"在原始位置"单选项，单击"还原"按钮，如图 7—1—18 所示。

6. 在"已还原文件"界面中，单击"查看还原的文件"命令，可以查看所还原的文件，如图 7—1—19 所示。

图 7—1—18 "您想在何处还原文件?"界面

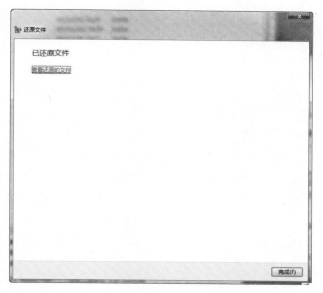

图 7—1—19 "已还原文件"界面

7. 在 D 盘中，可以看到已经还原的"工作资料"文件夹，如图 7—1—20 所示，进入文件夹可以看到所还原的文件。

图 7—1—20　还原"工作资料"文件夹后的窗口

知识链接

备份：在计算机领域为了防止计算机数据及应用等因计算机故障而造成丢失及损坏，从而在原文件中独立出来单独储存的程序或文件副本。备份常见类型有副本备份、每日备份、差异备份、增量备份、正常备份。

系统还原：其目的是在不需要重新安装操作系统，也不会破坏数据文件的前提下使系统回到工作状态。在 Windows Me 就加入了此功能，并且一直在 Windows Me 以上的操作系统中使用。"系统还原"可以恢复注册表、本地配置文件、COM＋数据库、Windows 文件保护（WFP）高速缓存（wfp. dll）、Windows 管理工具（WMI）数据库、Microsoft IIS 元数据，以及实用程序默认复制到"还原"存档中的文件。

拓展练习

使用 WIN7 自带备份工具对 "C：\Intel" 文件夹（若没有，可自行建立，并在该文件夹中建立一些文件）进行立即备份，备份放在 E 盘中。

活动二 邮件软件中邮件的备份与还原

活动背景

小张一直使用 Microsoft Outlook 2010 进行邮件的收发，日积月累，邮件越来越多，小张需要对邮件进行备份。

活动分析

1. 能理解邮件备份的必要性
2. 能使用 Microsoft Outlook 2010 软件进行邮件备份
3. 能使用 Microsoft Outlook 2010 软件进行邮件还原

方法与步骤

一、邮件备份

1. 单击 "开始" → "所有程序" → "Microsoft Office" → "Microsoft Outlook 2010"，打开 Outlook 软件，如图 7—2—1 所示。

2. Outlook 软件界面如图 7—2—2 所示，其中，可以看到对应的 jsjczyzj@163.com 邮箱中有相应的邮件。

3. 单击 "文件" 选项卡中的 "打开" 命令，在右边窗格中单击 "导入" 命令，如图 7—2—3 所示。

4. 在 "导入和导出向导" 对话框中，选择 "导出到文件"，单击 "下一步" 按钮，如图 7—2—4 所示。

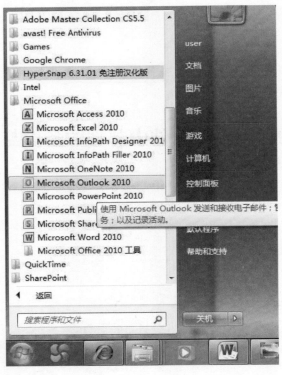

图 7—2—1　启动 Microsoft Outlook 2010

图 7—2—2　Outlook 软件界面

图 7—2—3 执行"导入"命令

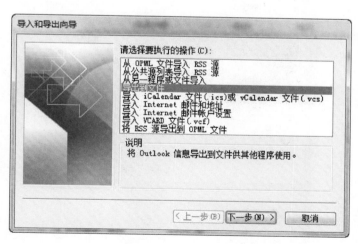

图 7—2—4 "导入和导出向导"对话框

5. 在"导出到文件"对话框中，选择"Outlook 数据文件（.pst）"，单击"下一步"按钮，如图 7—2—5 所示。

6. 在"导出 Outlook 数据文件"对话框的"选定导出的文件夹"界面中，选定 jsjczyzj@163.com 邮箱下的"收件箱"，单击"下一步"按钮，如图 7—2—6 所示。

图 7—2—5 "导出到文件"对话框　　　图 7—2—6 "导出 Outlook 数据文件"对话框的
"选定导出的文件夹"界面

7. 在"导出 Outlook 数据文件"对话框的"将导出文件另存为"界面中，将文件保存为"D：\ backup. pst"，选项中选择"用导出的项目替换重复的项目"，单击"完成"按钮，如图 7—2—7 所示。

图 7—2—7 "导出 Outlook 数据文件"对话框的"将导出文件另存为"界面

8. 在"创建 Outlook 数据文件"对话框的"添加可选密码"界面中，可以根据实际需要设置密码。本操作中不设置密码，单击"确定"按钮，如图 7—2—8 所示。

9. 可以看到导出进度，如图 7—2—9 所示。

10. 导出完成后，在目标位置 D 盘下，可以看到邮件备份文件"backup"，如图 7—2—10 所示。

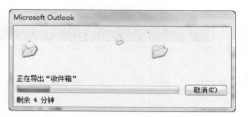

图7—2—8 "创建Outlook
数据文件"对话框

图7—2—9 导出进程

图7—2—10 导出成功后生成的邮件备份文件

二、邮件还原

由于误操作，原有邮箱中的邮件被彻底删除了，如图7—2—11所示。

1. 在Outlook中，单击"文件"选项卡中的"打开"命令，在右边窗格中单击"导入"命令（见图7—2—3），弹出"导入和导出向导"对话框，选择"从另一程序或文件导入"，单击"下一步"按钮，如图7—2—12所示。

图 7—2—11　邮件被误删除后的界面

图 7—2—12　"导入和导出向导"对话框

　　2. 在"导入文件"对话框中，选择"Outlook 数据文件（.pst）"，单击"下一步"按钮，如图 7—2—13 所示。

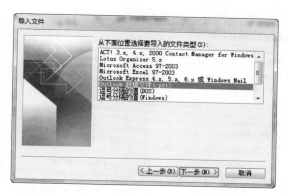

图 7—2—13 "导入文件"对话框

3. 在"导入 Outlook 数据文件"对话框的"导入文件"界面中,选择邮件备份文件"D:\ backup. pst",在"选项"中,选择"用导入的项目替换重复的项目",单击"下一步"按钮,如图 7—2—14 所示。

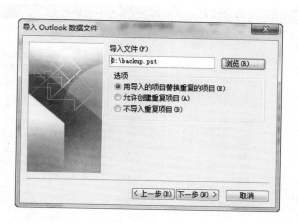

图 7—2—14 "导入 Outlook 数据文件"对话框的"导入文件"界面

4. 在"导入 Outlook 数据文件"对话框的"从下面位置选择要导入的文件夹"界面中,选择"收件箱"。选中"导入项目到相同文件夹",下拉列表中选择导入的目标邮箱 jsjczyzj@163.com,单击"完成"按钮,如图 7—2—15 所示。

5. 可以看到导入邮件进程,如图 7—2—16 所示。

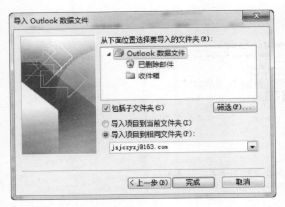

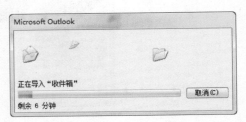

图7—2—15 "导入 Outlook 数据文件"对话框的
"从下面位置选择要导入的文件夹"界面

图7—2—16 导入邮件进程

6. 导入完成后，可以看到被误删除的邮件还原了，如图7—2—17所示。

图7—2—17 邮件还原后的 Outlook 界面

 知识链接

邮件备份的作用

电子邮件已经成为企业和个人现代通信的重要工具，特别对企业来说，除了能够保证商业通信的畅通之外，电子邮件往往还存储着大量的商业信息，为了避免意外情况如系统崩溃、操作失误所导致的信息丢失，及时对电子邮件系统进行邮件备份是非常必要的。

 拓展提高

在 Microsoft Outlook 2010 中对联系人以文件名"联系人.pst"备份到 D 盘根目录中。

提示：请事先创建一些联系人。

活动三　板卡驱动的备份与还原

活动背景

正确的驱动程序对于计算机系统的运行必不可少，为了防止驱动程序受到破坏，小张准备对计算机的板卡驱动进行备份。

活动分析

1. 能理解驱动程序的含义
2. 能使用 Windows 优化大师进行计算机板卡驱动程序的备份
3. 能使用 Windows 优化大师进行计算机板卡驱动程序的还原

方法与步骤

一、板卡驱动程序的备份

1. 单击"开始"→"所有程序"→"Windows 优化大师"→"Windows 优化大师"，打开 Windows 优化大师软件，如图 7—3—1 所示。

图 7—3—1 启动 Windows 优化大师

2. 在 Windows 优化大师软件界面（见图 7—3—2）左窗格中，选择"系统维护"功能。

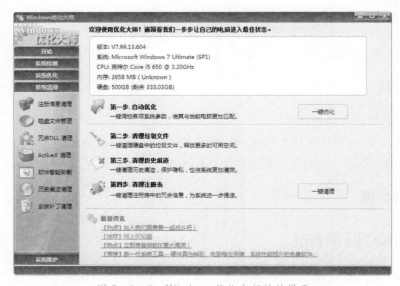

图 7—3—2 Windows 优化大师软件界面

3. 在"系统维护"功能中，选择"驱动智能备份"子功能，如图 7—3—3 所示。

图 7—3—3 "驱动智能备份"界面

4. 在"驱动智能备份"界面中，选择"显示适配器"，单击"备份"按钮，如图 7—3—4 所示。

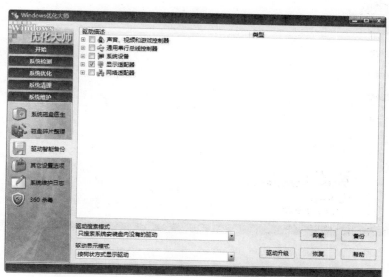

图 7—3—4 选择所需备份驱动

5. 备份完毕，出现驱动备份完毕提醒，单击"确定"按钮，如图 7—3—5 所示。

图 7—3—5　备份完毕

二、板卡驱动程序的还原

1. 在 Windows 优化大师软件中，进入"系统维护"功能中的"驱动智能备份"子功能，在此界面中，单击"恢复"按钮，如图 7—3—6 所示。

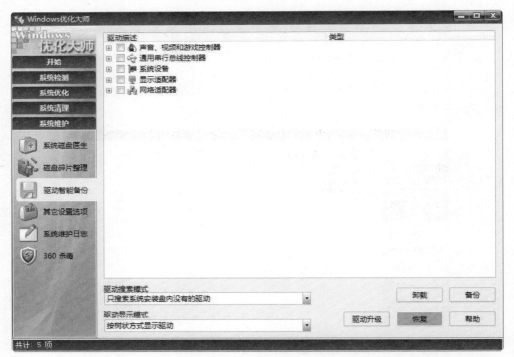

图 7—3—6　"驱动智能备份"界面

2. 在"备份与恢复管理"对话框中，选择相应的驱动备份，单击"恢复"按钮，如图 7—3—7 所示。

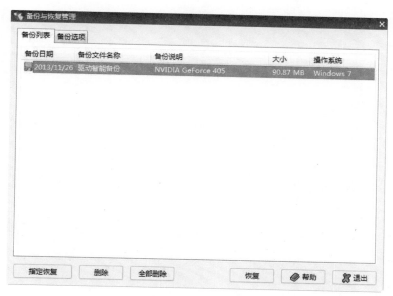

图7—3—7 "备份与恢复管理"对话框

3. 驱动恢复完成后，弹出提示确认对话框，单击"确定"按钮，恢复完成，如图7—3—8所示。

图7—3—8 提示确认对话框

XIANGMUBA

项目八　系统软件维护——
系统工具的使用

引言

WIN7 操作系统提供了管理和维护系统正常运行、优化系统并使其处于最佳运行效果的系统工具。通过本项目的学习与操作，使学员能利用相关系统工具进行计划定制、屏幕截图、系统信息查找、系统资源监视等操作。

活动一　利用系统工具进行计划定制和屏幕截图

活动背景

随着计算机使用越来越频繁，磁盘上的文件碎片也越来越多。于是，小张决定每个月 1 号 17：00 进行磁盘碎片整理。同时，由于编写计算机操作文档的需要，小张需要进行屏幕截图，利用图形方式进行补充说明。

活动分析

1. 了解计划定制的作用
2. 了解屏幕截图的保存方式
3. 使用计划定制工具进行相关计划的定制
4. 使用系统截图工具进行任意区域、窗口、全屏幕截图

方法与步骤

一、计划定制

1. 单击"开始"→"所有程序"→"附件"→"系统工具"→"任务计划程序"，如图 8—1—1 所示。

2. 在如图 8—1—2 所示的"任务计划程序"窗口中，单击"操作"菜单，选择"创建基本任务 ..."命令。

3. 在弹出的"创建基本任务向导"对话框的"创建基本任务"界面中，在"名称"和"描述"中输入相关信息，如图 8—1—3 所示，单击"下一步"按钮。

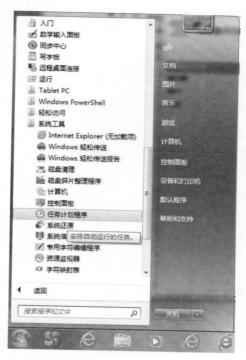

图 8—1—1　启动任务计划程序

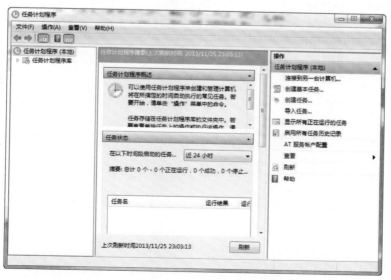

图 8—1—2　"任务计划程序"窗口

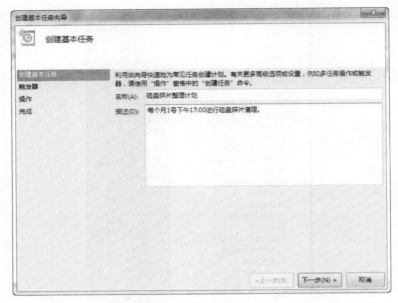

图 8—1—3 "创建基本任务向导"对话框的"创建基本任务"界面

4. 在弹出的"创建基本任务向导"对话框的"任务触发器"界面中,"希望该任务何时开始?"下选择"每月",如图 8—1—4 所示,单击"下一步"按钮。

图 8—1—4 "创建基本任务向导"对话框的"任务触发器"界面

5. 在弹出的"创建基本任务向导"对话框的"每月"界面中，在"月"下拉列表中选择所有月份，在"天"下拉列表中，选择"1"（表示每月的1号），如图8—1—5所示，单击"下一步"按钮。

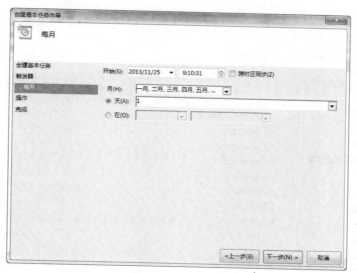

图8—1—5 "创建基本任务向导"对话框的"每月"界面

6. 在弹出的"创建基本任务向导"对话框的"操作"界面中"希望该任务执行什么操作？"下，选择"启动程序"，如图8—1—6所示，单击"下一步"按钮。

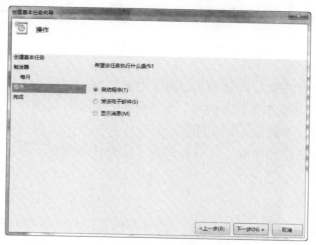

图8—1—6 "创建基本任务向导"对话框的"操作"界面

7. 在弹出的"创建基本任务向导"对话框的"启动程序"对话框中，单击"浏览"按钮，在弹出的"打开"对话框中，选择"Windows \ System32 \ dfrgui. exe"程序，单击"打开"按钮，如图8—1—7所示。

图 8—1—7 "打开"对话框

8. 设置完成后如图 8—1—8 所示，单击"下一步"按钮。

9. 在弹出的"创建基本任务向导"对话框的"摘要"界面中，确认信息无误后，单击"完成"按钮，如图 8—1—9 所示。

10. 计划任务创建完毕后，可以看到在"任务计划程序"对话框中已经存在了，如图 8—1—10 所示。

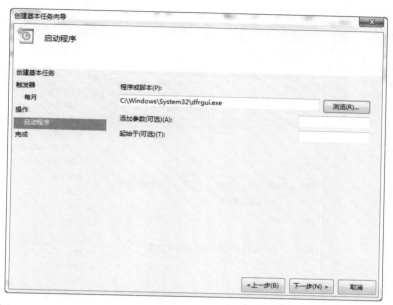

图 8—1—8　设置完成后的"创建基本任务向导"对话框的"启动程序"界面

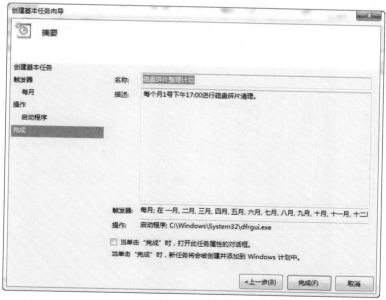

图 8—1—9　"创建基本任务向导"对话框的"摘要"界面

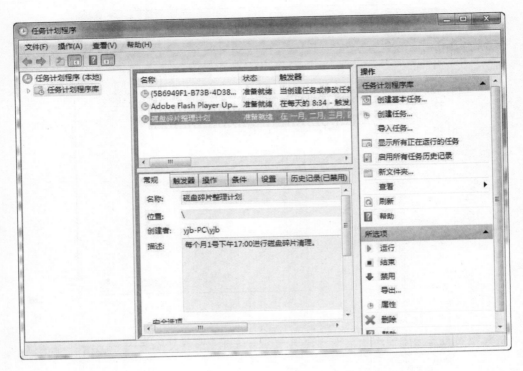

图 8—1—10　创建计划任务后的"任务计划程序"窗口

　　提示：右键单击计划任务名称，选择"属性"命令，在弹出的对话框中可以对计划任务进行更详细的设置。

二、屏幕截图

　　1. 单击"开始"→"所有程序"→"附件"→"截图工具"，如图 8—1—11所示。

　　2. 截图工具软件界面如图 8—1—12 所示。

　　3. 单击"新建"下拉按钮，选择"任意格式截图"，如图 8—1—13 所示。

　　4. 在桌面上随意画出一个区域，就能得到任意形状的截图，如图 8—1—14所示。

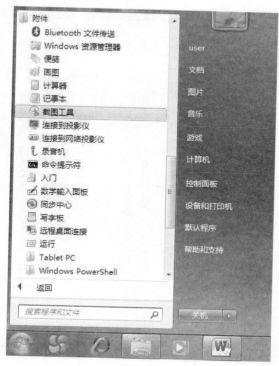

图 8—1—11 启动截图工具

图 8—1—12 截图工具软件界面

图 8—1—13 选择"任意格式截图"

5. 单击"新建"下拉按钮，选择"矩形截图"，在桌面上画出一个矩形区域，即可得到矩形形状的截图，如图 8—1—15 所示。

6. 单击"新建"下拉按钮，选择"窗口截图"，选择一个窗口，即可得到窗口截图，如图 8—1—16 所示。

7. 单击"新建"下拉按钮，选择"全屏幕截图"，单击桌面上任意区域，即可得到全屏幕的截图，如图 8—1—17 所示。

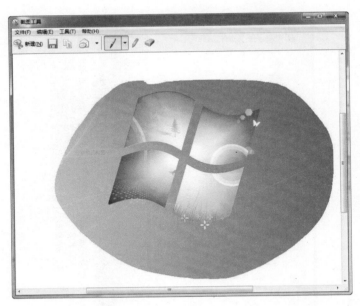

图 8—1—14　任意格式截图效果

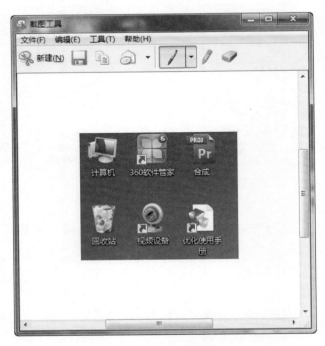

图 8—1—15　矩形截图效果

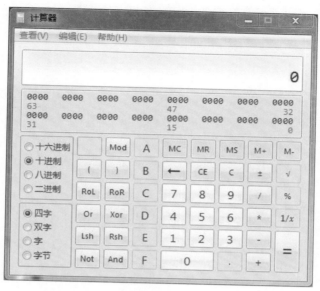

图 8—1—16 窗口截图效果

图 8—1—17 全屏幕截图效果

8. 根据需要，单击"保存"按钮即可保存相应的截图。

 知识链接

1. 计划定制的作用

如果定期使用特定的程序，则可以使用"任务计划程序向导"来创建一个根据选择的计划自动打开该程序的任务。例如，如果每月的某一天都使用某个财务程序，则可以计划一个自动打开该程序的任务。

2. 如何保存屏幕截图

在捕获某个截图时，会自动将其复制到剪贴板，这样就可以快速将其粘贴到文档、电子邮件或演示文稿中。还可以将截图另存为 HTML、PNG、GIF、JPEG 格式的文件。捕获截图后，可以在标记窗口中单击"保存截图"按钮将其保存。

 拓展练习

1. 定制名称为"定时关机"的计划，每周一至周五的 17：30，在计算机空闲时自动关闭计算机。

2. 禁用"Adobe Flash Player Updater"计划。

3. 在桌面上进行快捷菜单截图，以文件名"快捷菜单.jpg"保存在 D 盘根目录下。

活动二 利用系统工具进行系统信息查询和资源监控

活动背景

为了对计算机资源使用和运行状态进行监控，小张需要进行系统信息的查看，监视处理器处于 C1 低能量空闲状态下的时间百分比（% C1 Time），并作为监控图像保存。同时，要在资源监视器中搜索 CPU 进程 iexplore.exe 关联句柄为"de"的结果，作为检测结果截图保存。

活动分析

1. 能理解句柄的简单含义

2. 能理解性能监视器和资源监视器的作用

3. 能查看系统信息

4. 能使用性能监视器进行信息监控

5. 能使用资源监视器进行信息监控

方法与步骤

一、查看系统信息

1. 单击"开始"→"所有程序"→"附件"→"系统工具"→"系统信息",如图 8—2—1 所示。

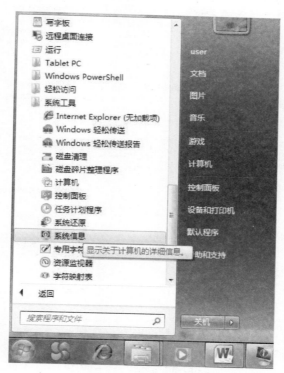

图 8—2—1　启动系统信息

2. 在弹出的"系统信息"窗口中,即可看到系统信息摘要,如图 8—2—2 所示。

3. 根据需要,可以选择"系统信息"窗口左侧栏中的相应项目,即可得到对应的项目信息,如图 8—2—3 所示,显示的是网络适配器的信息。

图 8—2—2 "系统信息"窗口

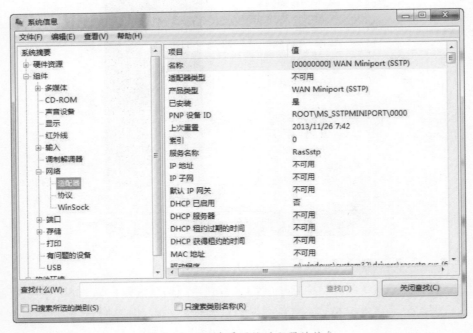

图 8—2—3 查看网络适配器的信息

4. 根据需要将信息结果保存为 NFO 文件，也可以进行截图保存。

二、使用性能监视器进行信息监控

1. 单击"开始"→"控制面板"，如图 8—2—4 所示。

图 8—2—4　启动控制面板

2. 在"控制面板"窗口的"系统和安全"中单击"查看您的计算机状态"，如图 8—2—5 所示。

3. 在"系统和安全操作中心"窗口左侧栏中，单击"查看性能信息"，如图 8—2—6 所示。

4. 在"性能信息和工具"窗口左侧栏中，单击"高级工具"，如图 8—2—7 所示。

5. 在"高级工具"窗口中，单击"打开性能监视器"，如图 8—2—8 所示。

图 8—2—5 "控制面板"窗口

图 8—2—6 系统和安全操作中心

图 8—2—7 "性能信息和工具"窗口

图 8—2—8 "高级工具"窗口

6. 在弹出的"性能监视器"窗口的左侧栏中，单击"性能监视器"，如图 8—2—9 所示。

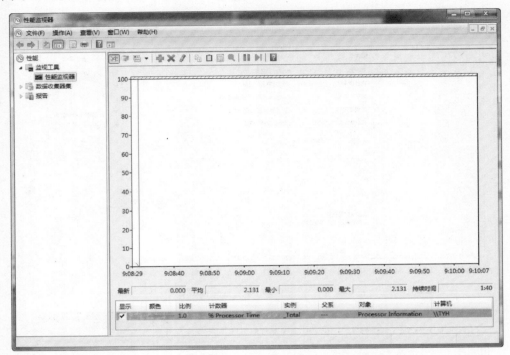

图 8—2—9 "性能监视器"窗口

7. 在"性能监视器"右侧窗格中单击右键，在弹出的快捷菜单中选择"添加计数器"命令，如图 8—2—10 所示。

8. 在弹出的"添加计数器"对话框中，在"可用计数器"中选择本地计算机的"Processor ％ C1 Time"的 0 实例，单击"添加"按钮，如图 8—2—11 所示。

9. 单击"确定"按钮，在"性能监视器"对话框中，右键单击刚刚添加的"Processor ％ C1 Time"的 0 实例，在弹出的快捷菜单中，选择"属性"命令，如图 8—2—12 所示。

10. 在弹出的"性能监视器属性"对话框中，将颜色更改为蓝色，如图 8—2—13 所示。

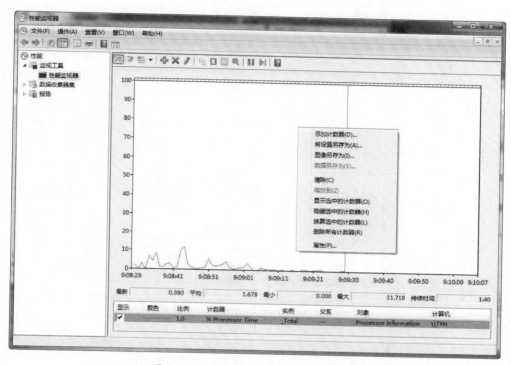

图 8—2—10 选择"添加计数器"命令

图 8—2—11 "添加计数器"对话框

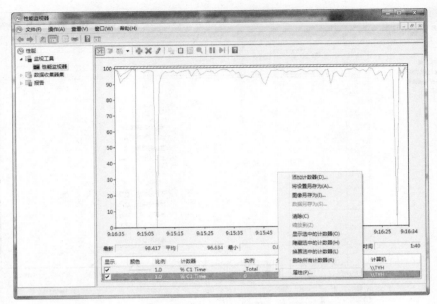

图 8—2—12　选择"属性"命令

图 8—2—13　"性能监视器属性"对话框

11. 单击"确定"按钮后，即可在性能监视器中实现对"Processor ％ C1 Time"
0 实例的监控。

12. 根据需要，可以利用截图工具进行图像保存。

三、使用资源监视器进行信息监控

1. 单击"开始"→"所有程序"→"附件"→"系统工具"→"资源监视器"，
如图 8—2—14 所示。

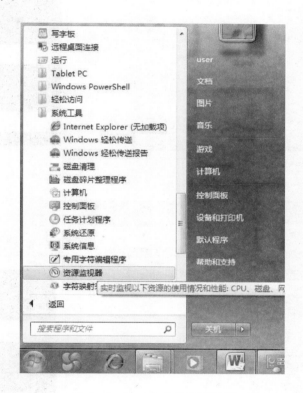

图 8—2—14 启动资源监视器

2. 在"资源监视器"窗口中，选择"CPU"选项卡，如图 8—2—15 所示。

3. 在"进程"中找到"iexplore.exe"（开启 IE 浏览器，即可找到 iexplore.exe 进程），并勾选复选框，如图 8—2—16 所示。

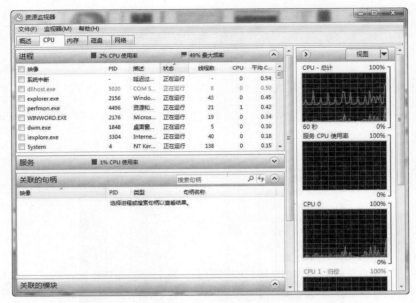

图 8—2—15 "资源监视器"窗口

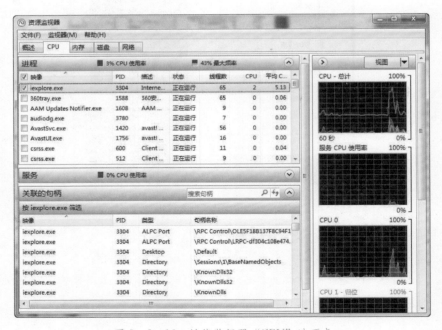

图 8—2—16 性能监视器 "CPU" 选项卡

4. 在"关联的句柄"中，输入"de"，即可搜索到关联句柄为"de"的筛选结果，如图 8—2—17 所示。

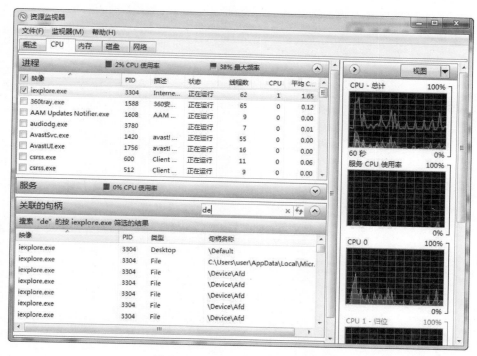

图 8—2—17 搜索关联句柄界面

提示：搜索字符串不区分大小写，而且不支持通配符。可以键入全部或部分字符串，以搜索句柄。例如，搜索"C：\ windows"将返回所有以"C：\ windows"作为句柄名称一部分的句柄。

5. 根据需要，可以使用截图工具进行截图保存。

 知识链接

1. 句柄

句柄是用于引用系统元素的指针，这些系统元素包括（但不限于）文件、注册表项、事件或目录。

2. 性能监视器的作用

使用性能监视器可以实时查看性能数据，创建数据收集器集以配置和计划性能计数器、事件跟踪和配置数据收集，以便分析结果和查看报告。

3. 资源监视器的作用

Windows 资源监视器是一个功能强大的工具，用于了解进程和服务如何使用系统资源。除了实时监视资源使用情况外，资源监视器还可以帮助分析没有响应的进程，确定哪些应用程序正在使用文件，并控制进程和服务。

 拓展练习

1. 生成系统健康报告，并将报告以"系统健康报告.html"命名保存到 D 盘根目录下。

2. 打开性能监视器，添加"Memory Cache Bytes"计数器，图表背景色为第 2 行第 3 列颜色，将设置以"MCB.gif"命名保存到 D 盘根目录下。

3. 打开资源监视器，将网络的 TCP 连接信息使用截图工具以"TCP.jpg"文件保存到 D 盘根目录下。

XIANGMUJIU

项目九 网络简单维护——网络设备连接

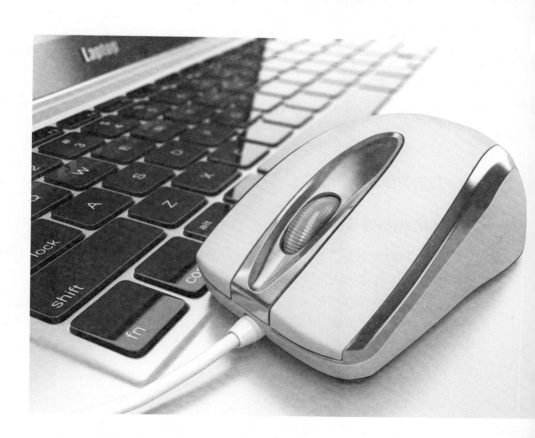

引言

通过本项目内容的学习与操作，使学员学会如何利用网络工具及网络设备搭建起一个简单的家庭局域网，并且能够熟练地掌握家庭局域网的状态检测等技能。

活动一　组建简单的家庭局域网

活动背景

小张的邻居小王参加完高考，利用暑假外出打工，用赚到的钱为父母添置了一台笔记本计算机和一个宽带路由器 TP-Link WR841N，还为家里申请了中国电信 ADSL 的宽带业务。他请小张帮忙组建一个家庭局域网。

活动分析

1. 了解家庭局域网组网中所要使用的设备
2. 会制作符合国际标准的网络双绞线
3. 正确地对网络设备及计算机进行连接
4. 能够简单地配置家用宽带路由器
5. 能够分辨路由器及交换机的区别

方法与步骤

一、制作网络连接线缆

1. 先根据实际所需要的长度剪取一段网络双绞线，为保证网络数据的传输质量，双绞线的长度通常应该控制在 0.6～80 m 之间，如图 9—1—1 所示。

2. 用双绞线网线钳把双绞线的一端剪齐，然后把剪齐的一端插入网线钳用于剥线的缺口中。顶住网线钳后面的挡位，稍微握紧网线钳慢慢旋转一圈，让刀口划开双绞线的保护胶皮并剥除外皮，如图 9—1—2 所示。

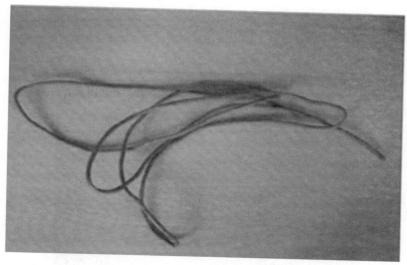

图9—1—1 双绞线

图9—1—2 双绞线插入剥线缺口

提示：网线钳挡位离剥线刀口长度通常恰好为水晶头长度，这样可以有效避免剥线过长或过短。如果剥线过长往往会因为网线不能被水晶头卡住而容易松动，如果剥线过短则会造成水晶头插针不能跟双绞线良好接触。

　　3. 剥除外皮后会看到双绞线的 4 对芯线及 1 根尼龙材质的牵引线，用户可以看到每对芯线的颜色各不相同，如图 9—1—3 所示。

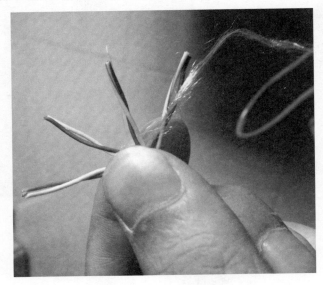

图 9—1—3　剥开外皮后的双绞线

　　4. 先用剪刀等工具将尼龙牵引线剪断，将绞在一起的芯线分开，按照橙白、橙、绿白、蓝、蓝白、绿、棕白、棕的颜色顺序从左到右一字排列，并用网线钳将线的顶端剪齐，如图 9—1—4 所示。

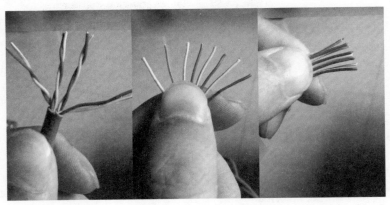

图 9—1—4　整理双绞线

5. 取一个 RJ-45 的网络水晶头，使有铜片的一面朝向自己，铜片置于上方，自左到右分别编号为 1、2、3、4、5、6、7、8 针脚，如图 9—1—5 所示。

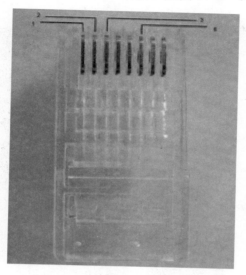

图 9—1—5 RJ-45 网络水晶头

6. 按照第 4 步的排列线序将每条芯线分别对应 RJ-45 水晶头的 1、2、3、4、5、6、7、8 针脚，然后将正确排列的双绞线插入 RJ-45 水晶头中。在插的时候一定要将各条芯线都插到底部。由于 RJ-45 插头是透明的，因此可以观察到每条芯线插入的位置，如图 9—1—6 所示。

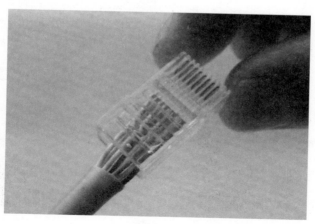

图 9—1—6 将双绞线插入 RJ-45 水晶头

7. 将插入双绞线的 RJ-45 水晶头插入网线钳的压线插槽中，用力压下网线钳的手柄，使 RJ-45 水晶头的铜片针脚都能向下插入双绞线的芯线中，如图 9—1—7 所示。

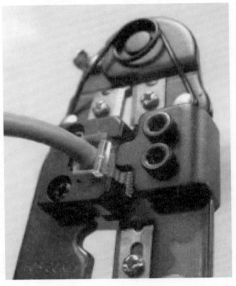

图 9—1—7　用网线钳压接 RJ-45 水晶头

8. 到此，已经完成双绞线一端的制作，按照相同的方法制作另一端即可。注意双绞线两端的芯线排列顺序要完全一致，如图 9—1—8 所示。

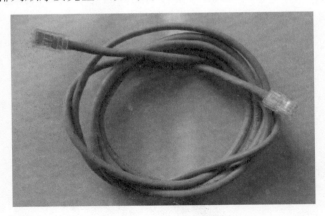

图 9—1—8　制作好的网线

二、ADSL 调制解调器、宽带路由器及计算机的连接

1. 将从室外入户的电话总线连接到 ADSL 分离器上，再分别从 ADSL 分离器上的 MODEM 口和 PHONE 口引出两条电话线，分别连接到 ADSL 调制解调器和电话座机上，如图 9—1—9 所示。

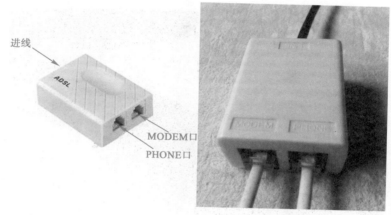

图 9—1—9　电话线连接分离器

2. 将从 ADSL 口出来的电话线接入 ADSL 调制解调器的 DSL 端口上，再将刚才做好的网线一端接在 ADSL 调制解调器的 Internet 口上，如图 9—1—10 所示。

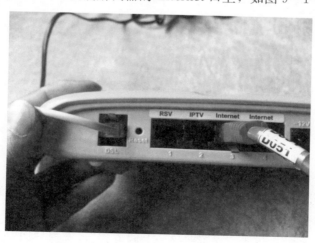

图 9—1—10　ADSL 调制解调器的连接

3. 将接到 ADSL 调制解调器上的网线另一端接到家中的宽带路由器 TP-Link WR841N 的 WAN 口上，再接入一条网线，一端接 LAN1 口，另一端接笔记本计算机，如图 9—1—11 所示。

提示：在宽带路由器 TP-Link WR841N 上，蓝色的网络接口是 WAN 口，黄色的网络接口则为 LAN 口。

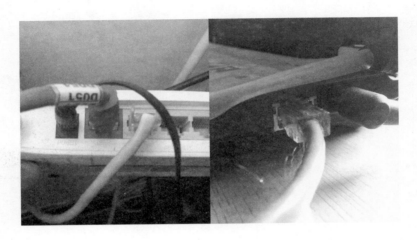

图 9—1—11 连接路由器及 ADSL 调制解调器

4. 再使用一条网线将原来的台式机连接到路由器的 LAN2 口上，到此为止，组建局域网的硬件连接部分已全部完成。

三、设置 ADSL 拨号

1. 启动计算机，并打开 ADSL 调制解调器及宽带路由器 TP-Link WR841N 的电源。

2. 在计算机启动后，打开 IE 浏览器，在地址栏中输入宽带路由器 TP-Link WR841N 的默认配置地址 192.168.1.1，在登录页面输入默认的用户名 admin，默认的用户密码 admin，如图 9—1—12 所示。

3. 打开路由器的默认配置页面后，出现了网络设置向导页面，使用设置向导来进行设置，如图 9—1—13 所示。

4. 点击"下一步"，进入"设置向导—上网方式"，选择"PPPoE（ADSL 虚拟拨号）"，如图 9—1—14 所示。

图 9—1—12　登录路由器

图 9—1—13　网络设置向导页面

5. 点击"下一步",进入拨号设置页面,在此页面的上网账号及上网口令中,输入由电信运营商提供的上网拨号账户名及密码(注意区分字母大小写),如图 9—1—15 所示。

6. 点击"下一步",进入"无线设置"页面,在无线状态中选择"开启",在 SSID 中输入一个便于自己识别的名称,再到"无线安全选项"中选择"WPA-PSK/WPA2-PSK",在"PSK 密码:"中输入自己所设置的无线密码 123QAZ＊＊♯,如图 9—1—16 所示。

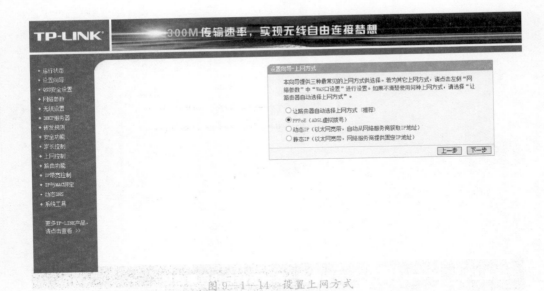

图9—1—14 设置上网方式

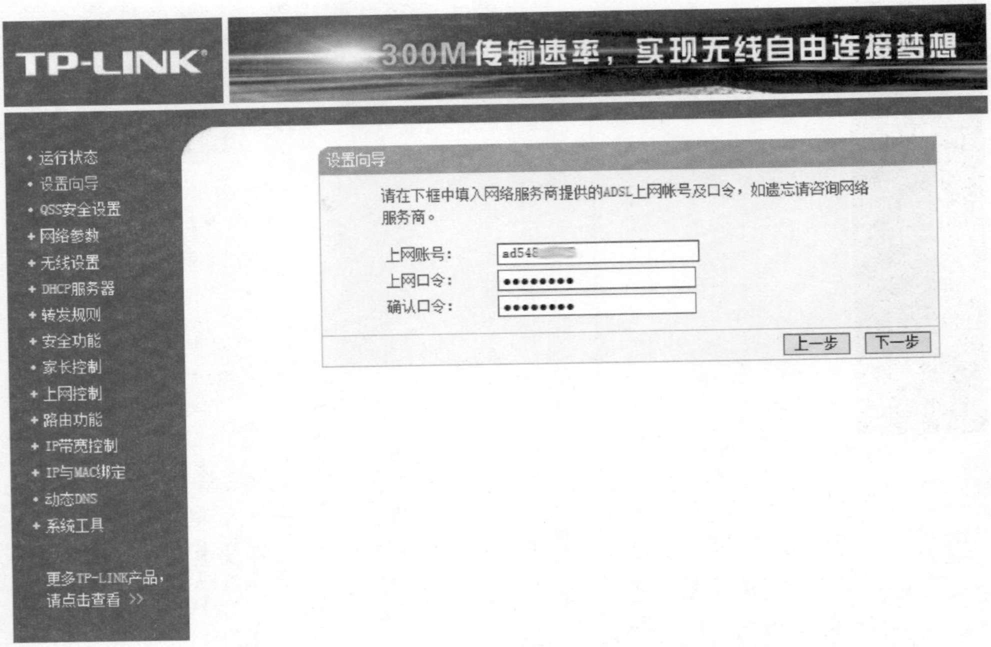

图9—1—15 输入上网账号和上网口令

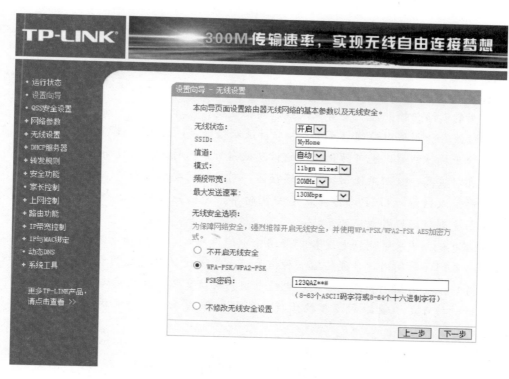

图 9—1—16 无线设置

7. 点击"下一步",完成宽带路由器的网络设置,如图 9—1—17 所示。

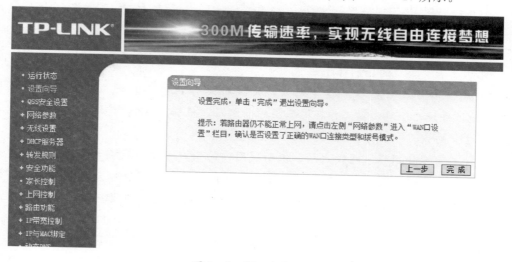

图 9—1—17 完成设置

知识链接

1. 常用的网络传输介质及其特点。

常用的网络传输介质主要有双绞线、同轴电缆、光纤等。

双绞线分为屏蔽双绞线（STP）和非屏蔽双绞线（UTP），屏蔽双绞线（STP）的特点是抗干扰性能好，也可防止传输的信息被窃听，同时还具有较高的数据传输速率，但价格相对较高，且必须使用特殊的连接器，对安装的要求比较高。

非屏蔽双绞线（UTP）的特点是安装简单，传输距离较长，但是抗干扰性能不好，容易受到强磁场或电场的干扰。

同轴电缆分为基带同轴电缆和宽带同轴电缆两种，基带同轴电缆主要用于传输数字信号，在同一时间内，只能传输一种信号；而宽带同轴电缆可用于传输不同频率的模拟信号，主要适用于长途电话网、电缆电视系统及宽带计算机网络。

光纤的特点是传输距离远，抗干扰性能强，保密性好，安装调试稍复杂，价格昂贵。

2. 双绞线制作网络的接口标准及线序

在 EIA/TIA 的布线标准中规定了两种双绞线的标准，即 T568A 和 T568B。

标准 T568A 线序：绿白—1，绿—2，橙白—3，蓝—4，蓝白—5，橙—6，棕白—7，棕—8。

标准 T568B 线序：橙白—1，橙—2，绿白—3，蓝—4，蓝白—5，绿—6，棕白—7，棕—8。

3. 路由器与交换机有什么区别？宽带路由器能当交换机使用吗？

路由器和交换机的区别在于：

根据 OSI 网络七层参考模型来看，交换机工作在第二层的数据链路层，根据 MAC 地址寻址，而路由器工作在第三层的网络层，根据 IP 地址寻址，路由器可以处理 TCP/IP 协议。

交换机可以使用一根网线上网，但局域网内的用户可以分别拨号，各自使用自己的宽带账户，上网速度互相没有影响。而路由器比交换机多了一个虚拟拨号功能，通过同一台路由器上网的计算机共享一个宽带账号，局域网内的用户上网速度会互相影响。

路由器具有路由算法，可以使用两个不同网段的局域网互联，而交换机不行。

若要将宽带路由器当成交换机使用，是完全可以实现的，只需将宽带路由器的

WAN 口线拔出，并连接在 LAN 口上即可实现。

 拓展练习

由于家庭的房屋结构是南北通透的套间，路由器安放在了南房间，无线信号难以覆盖到北房间，小王同学又购买了一台同型号的无线路由器，请你帮他设置一下相关参数，使得他家中每个角落都能上网。

提示：可以利用有线连接到北房间，设置路由器相关参数，或变成无线交换机使用。

活动二 检测网络运行

活动背景

小王同学配置好了家中的网络，他想测试一下自己申请的宽带网络是否可以正常使用。

活动分析

1. 会查看路由器中的相关参数
2. 使用 Windows 7 自带的网络诊断工具排除简单故障
3. 利用宽带路由器判断上网故障

方法与步骤

一、查看路由器的状态参数

1. 打开 IE 浏览器，并在地址栏中输入路由器的地址 192.168.1.1，在弹出的登录框中输入默认用户名 admin，密码 admin，如图 9—2—1 所示。

2. 在登录后，便可看到"运行状态"页面，如图 9—2—2 所示。

图9—2—1 登录界面

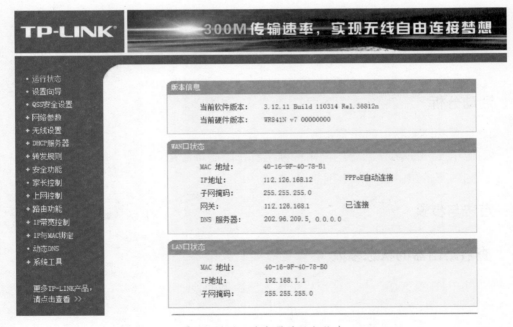

图9—2—2 路由器的运行状态

二、查看 Windows 7 网络和共享中心

1. 点击"开始"→"控制面板"→"网络和共享中心"，如图9—2—3所示。

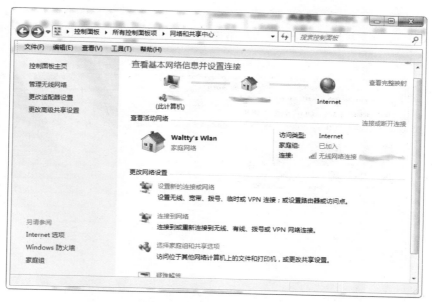

图 9—2—3 网络和共享中心

2. 如图 9—2—3 所示的状态是网络可正常使用的状态，若出现如图 9—2—4 所示的状态，则表明当前网络发生了故障。

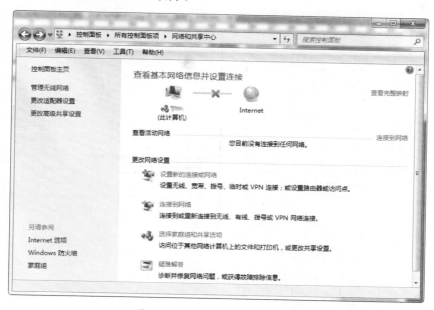

图 9—2—4 网络出现连接故障

3. 若出现了以上故障，可以使用 Windows 7 自带的网络诊断工具来进行故障排除。点击"更改适配器设置"，出现"网络连接"对话框，单击要诊断的网卡图标，如图 9—2—5 所示。

图 9—2—5　诊断网络故障

4. 点击"诊断这个连接"，诊断故障过程如图 9—2—6 所示。

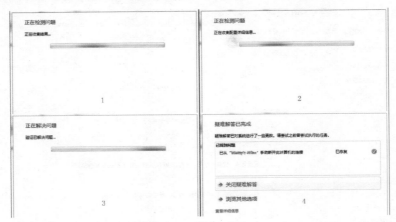

图 9—2—6　诊断故障过程

拓展练习

　　随着电信宽带业务的升级，小王家中的宽带升级成了光纤，在电信工程人员安装好相关设备后，小王突然发现上不了网了，请为小王想一想，该怎么去检测故障？

　　提示：使用 Windows 7 的网络检测工具查看连接断开的地方在哪里。

XIANGMUSHI

项目十　网络简单维护——网络设备常用设置及应用

引言

通过本项目的学习与操作，使学员学会如何设置常见的接入型路由器，为小型局域网构筑起一道安全的网络防线。

活动一　设置接入型路由器的基本功能

活动背景

小张和小王因工作需要，一起到上海出差一个月，入住某旅店后，发现旅店客房内只提供了一个上网端口及一条网线，没有无线网络，且在客房服务手册上写明了一个房间只有一个固定的 IP 地址 192.168.100.110，网关和 DNS 服务器均为 192.168.100.250，为了方便与公司及家人联系，小张购买了一个方便上网的无线路由器——TL MR12U，请帮助他设置路由器，让他们两人可以同时上网完成自己的工作。

活动分析

1. 学会设置路由器的上网方式
2. 学会设置接入型路由器的 IP 地址
3. 能设置接入型路由器的工作模式
4. 会开启/关闭 DHCP 功能

方法与步骤

1. 打开路由器的电源开关，并将工作模式开关调到"Router"模式上，如图 10—1—1 所示。

2. 打开笔记本计算机，点击右下方任务栏中的无线网络图标，选择名称为"TP-LINK _ D10818 2"的无线网络，如图 10—1—2 所示。

3. 点击"连接"按钮，出现如图 10—1—3 所示的界面后，稍等片刻，就会显示已连接到无线网络，如图 10—1—4 所示。

图 10—1—1 路由器模式开关

图 10—1—2 选择无线网络

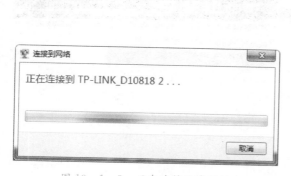

图 10—1—3 正在连接无线网络

图 10—1—4 已连接到无线网络

4. 打开 IE 浏览器，在地址栏中输入 "http：//192.168.1.1"，打开路由器配置登录页面，如图 10—1—5 所示。

图 10—1—5　路由器配置登录页面

5. 在密码框中输入路由器默认的登录密码 admin，点击"登录"，进入路由器设置向导页面，如图 10—1—6 所示。

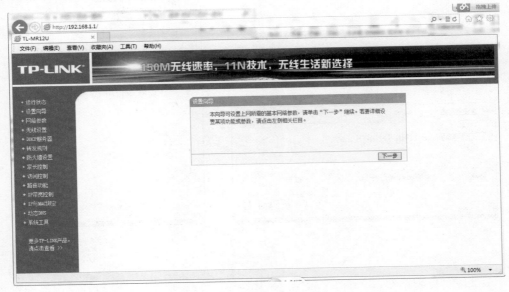

图 10—1—6　设置向导

6. 点击"下一步",开始进行 WAN 口连接类型的设置,在这里,根据旅店的实际情况,应该选择"静态 IP(以太网宽带,网络服务商提供固定 IP 地址)",如图 10—1—7 所示。

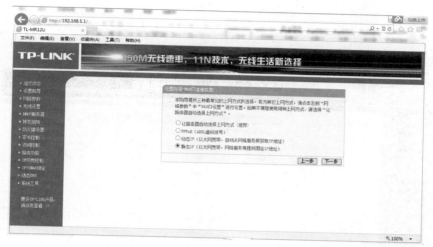

图 10—1—7 设置 WAN 口连接类型

7. 点击"下一步",对 WAN 口的 IP 地址参数进行设置,将客房服务手册中的网络参数——填入对应的方框内,如图 10—1—8 所示。

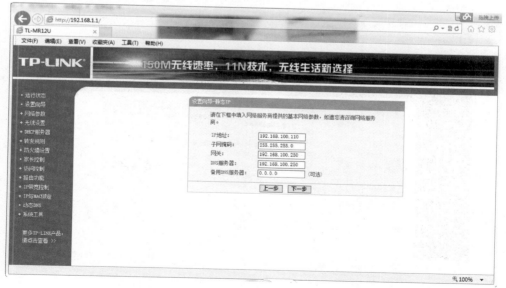

图 10—1—8 设置 WAN 口 IP 地址参数

8. 填完参数后，单击"下一步"，进入无线网络参数设置，在这里，为了保证房间内的上网速度，不被别人蹭网，必须对无线网络进行加密处理，选择"WPA/WPA2 个人版"的加密方式，这种方式相对安全，密码较难破译，设置无线密码为 123QAZ＊＊#，如图 10—1—9 所示。

图 10—1—9　设置无线网络密码

9. 点击"下一步"，完成了对无线网络的基本设置，如图 10—1—10 所示。

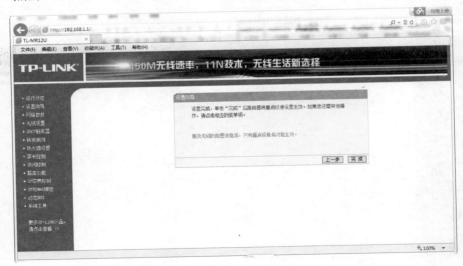

图 10—1—10　完成设置

10. 点击"完成"，等待路由器重启后，重新连接无线网络"TP-LINK _ D10818"，如图10—1—11、图10—1—12所示。

图 10—1—11　重新连接无线网络

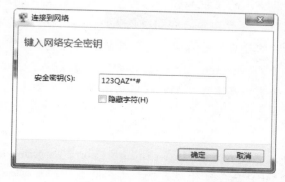

图 10—1—12　输入密码

11. 最后成功连接到无线网络后，将网线一头插入无线路由器 TL MR12U 的 WAN 口上，另一头连接到旅店墙上的网络面板中，这样就可以通过路由器开始无线上网了。

知识链接

1. 家用小型宽带路由器的 WAN 口上网类型及区别

家用小型宽带路由器的 WAN 口一般支持 PPPoE、动态 IP 和静态 IP 三种上网方式。

以 ADSL 或 Cable 虚拟拨号为代表的 PPPoE（以太网上的点到点连接）上网方式也是目前主流的宽带接入方式，选择这种方案后需正确填入 ISP 提供的上网账号和口令。还可根据包时和包月的不同需求，选择按需连接、自动断线等待时间、自动连接、定时连接、手动连接等不同的连接方式。

动态 IP 方式下，路由器将从 ISP 自动获取 IP 地址，这种方案适合于 ADSL＋LAN、FTTX＋LAN 等宽带接入方式。

当 ISP 提供了所有 WAN IP 信息时，则可选择静态 IP，并输入 IP 地址、子网掩码、网关和 DNS 地址（可输可不输），很多专线接入方式采用了此方案。

2. 无线网络加密方式

目前，无线网络中已经存在好几种加密技术，最常运用的是 WEP 和 WPA 两种。

WEP，全称为有线对等保密（Wired Equivalent Privacy），是一种数据加密算法，用于提供等同于有线局域网的保护本领。运用了该技术的无线局域网，所有客户端与无线接入点的数据都会以一个共享的密钥进行加密，密钥的长度有 40 位和 256 位两种，密钥越长，黑客就需要更多的时间去进行破解，因此能够提供更好的安全保护。

WPA 加密即 Wi-Fi Protected Access，其加密特性决定了它比 WEP 更难以入侵，所以如果对数据安全性有很高需求，那就必须选用 WPA 加密方式（Windows XP SP2 已经支持 WPA 加密方式）。

3. DHCP 服务

动态主机配置协议（Dynamic Host Configuration Protocol，DHCP）是一个局域网的网络协议，使用 UDP 协议工作，主要有两个用途：给内部网络或网络服务供应商自动分配 IP 地址，给用户或者内部网络管理员作为对所有计算机做中央管理的手段。

 拓展练习

为了使自己的无线网络不被蹭网，除了使用密码外，还有什么设置可以确保无线网络的安全呢？请设置一下。

提示：可以利用路由器的 DHCP 功能来限制外来设备的接入。

活动二　设置接入型路由器 ARP 功能

活动背景

　　小张和小王设置好路由器，用了没几天，就发现上网不正常了，经检查发现是中了 ARP 木马，有什么办法可以防止这种情况再度发生呢？

活动分析

1. 学会利用路由器管理局域网内的上网规范
2. 学会接入型路由器 MAC 绑定功能
3. 了解什么是 ARP 欺骗
4. 熟练设置接入型路由器的 ARP 功能

方法与步骤

　　1. 打开 IE 浏览器，在地址栏中输入"http：//192.168.1.1"，输入登录密码 admin 后，进入路由器配置页面，如图 10—2—1 所示。

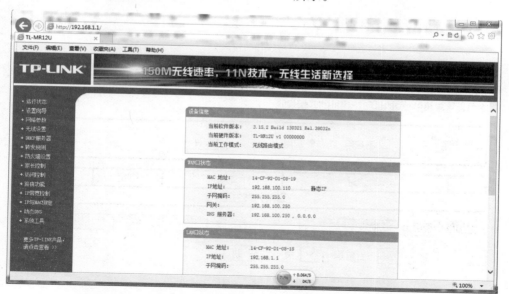

图 10—2—1　路由器配置页面

2. 点击左侧工具栏中的"IP与MAC绑定"选项，如图10—2—2所示。

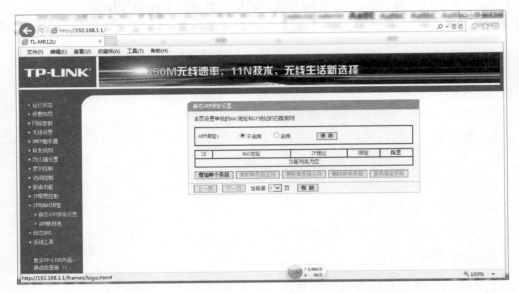

图 10—2—2　IP 与 MAC 绑定

3. 在右侧的"ARP绑定"项中选择"启用"，单击"保存"按钮，如图10—2—3所示。

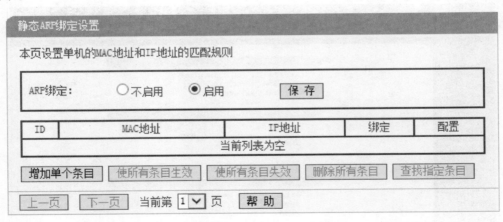

图 10—2—3　启用 ARP 绑定功能

4. 点击"ARP 映射表"，查看当前 IP 地址表中的详细分配情况，如图 10—2—4 所示。

图 10—2—4 ARP 映射表

5. 点击"全部导入"按钮，将 ARP 映射表中的信息全部导入静态 ARP 表中，如图 10—2—5 所示。

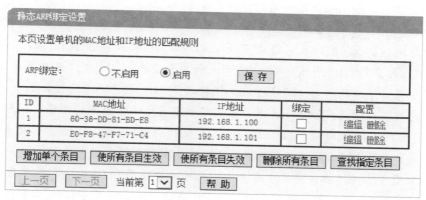

图 10—2—5 导入的 ARP 映射表

6. 点击"使所有条目生效"按钮，就会看到所有条目的"绑定"框全都被选中，处于生效状态，如图 10—2—6 所示。

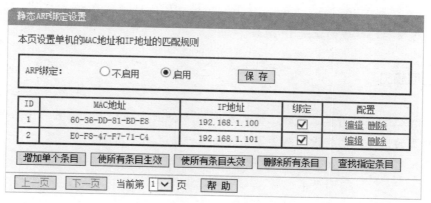

图 10—2—6 绑定完成

知识链接

1. ARP 欺骗

ARP 欺骗(ARP spoofing),又称 ARP 下毒(ARP poisoning)或 ARP 攻击,是针对以太网地址解析协议(ARP)的一种攻击技术。此种攻击可让攻击者取得局域网上的数据包,甚至可篡改数据包,且可让网络上特定计算机或所有计算机无法正常连接。

2. MAC 地址、IP 地址及其联系

IP 地址是指 Internet 协议使用的地址,而 MAC 地址是 Ethernet 协议使用的地址。

IP 地址与 MAC 地址之间并没有什么必然的联系,MAC 地址是 Ethernet NIC(网卡)上带的地址,为 48 位长。每个 Ethernet NIC 厂家必须向 IEEE 组织申请一组 MAC 地址,在生产 NIC 时编程于 NIC 卡上的串行 EEPROM 中。因此每个 Ethernet NIC 生产厂家必须申请一组 MAC 地址。任何两个 NIC 的 MAC 地址,不管是哪一个厂家生产的都不应相同。Ethernet 芯片厂家不必负责 MAC 地址的申请,MAC 地址存在于每一个 Ethernet 包中,是 Ethernet 包头的组成部分,Ethernet 交换机根据 Ethernet 包头中的 MAC 源地址和 MAC 目的地址实现包的交换和传递。

IP 地址是 Internet 协议地址,每个 Internet 包必须带有 IP 地址,每个 Internet 服务提供商(ISP)必须向有关组织申请一组 IP 地址,然后一般是动态分配给其用户,当然用户也可向 ISP 申请一个 IP 地址(根据接入方式),这就是为什么在配置 Windows NT/95/98 的"拨号网络"时,一般让系统给自动分配 IP 地址。

IP 地址现为 32 位长,正在扩充到 128 位。IP 地址与 MAC 地址无关,因为 Ethernet 的用户仍然可通过 Modem 连接 Internet。IP 地址通常工作于广域网,所说的 Router(路由器)处理的就是 IP 地址。

 拓展练习

小王和小张两人同时上网时,他们发现经常会出现一人下载,另一个人就无法正常浏览网页的情况,怎样设置路由器才能使这种情况不再出现?

提示:可以利用路由器的 IP 与带宽控制功能进行设置。

X
IANGMUSHIYI

项目十一 网络简单维护——网络配置与故障排除

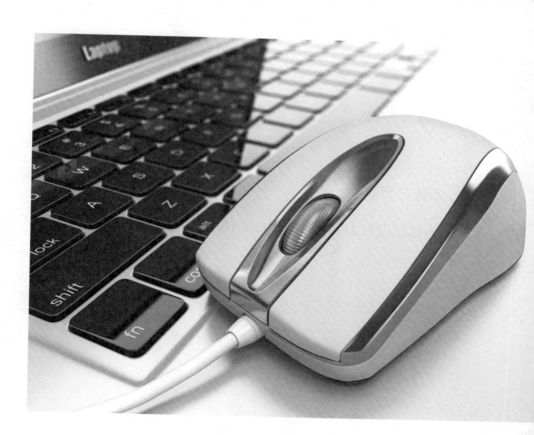

引言

通过本项目的学习与操作，使学员学会在 Windows 7 系统下的相关网络参数的设置、网络故障的检测以及网络故障的排除。

活动一　配置 IP 地址、子网掩码及计算机名称

活动背景

小张调入一家小型网络公司从事网络管理工作，近几个月来，由于业务量猛增，公司的规模不断发展壮大，公司网络管理的弱点也开始暴露出来，为了方便网络的管理，小张决定更改管理策略，为公司内所有员工分配一个固定的 IP 地址及对应的计算机名。

活动分析

1. 熟悉 Windows 7 系统的网络参数设置
2. 了解 IPv4 和 IPv6 的区别
3. 理解子网掩码的作用
4. 学会设置 IP 地址
5. 学会设置子网掩码
6. 学会设置计算机名称

方法与步骤

一、为自己设置 IP 地址 192.168.10.6

1. 单击"开始"→"控制面板"，打开"控制面板"窗口，找到"网络和共享中心"，如图 11—1—1 所示。

2. 打开"网络和共享中心"窗口，在左侧的任务栏中找到"更改适配器设置"，如图 11—1—2 所示。

3. 单击"更改适配器设置"，打开"网络连接"窗口，选中"本地连接"，如图 11—1—3 所示。

图 11—1—1 "网络和共享中心"选项

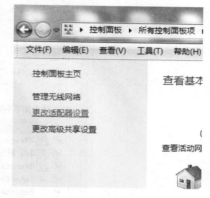

图 11—1—2 "更改适配器
设置"命令

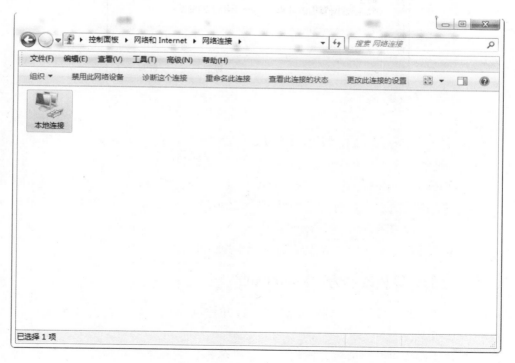

图 11—1—3 "网络连接"窗口

4. 单击工具栏上"更改此连接的设置",会弹出"本地连接 属性"窗口,如图 11—1—4 所示。

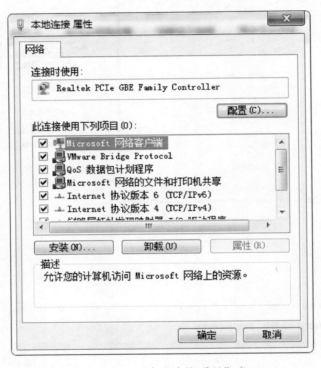

图 11—1—4 "本地连接 属性"窗口

5. 选中"Internet 协议版本 4(TCP/IPv4)",单击"属性"按钮,打开 "Internet 协议版本 4(TCP/IPv4)属性"窗口,如图 11—1—5 所示。

6. 在打开的"Internet 协议版本 4(TCP/IPv4)属性"窗口中,选中"使用下面的 IP 地址",然后在"IP 地址"中填入 192.168.10.6,在"子网掩码"中填入 255.255.255.0,如图 11—1—6 所示。

7. 点击"确定"按钮,完成 IP 地址及子网掩码的设置。

二、为自己的计算机改名为"XiaoZhang"

1. 单击"开始"按钮→"控制面板",打开控制面板,从中找到"系统"选项,如图 11—1—7 所示。

2. 打开"系统属性"窗口,找到"计算机名称、域和工作组设置",点击"更改设置",如图 11—1—8 所示。

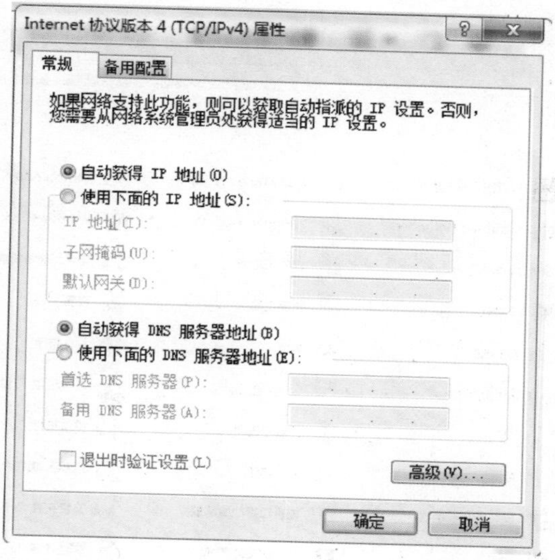

图 11—1—5 "Internet 协议版本 4（TCP/IPv4）属性"窗口

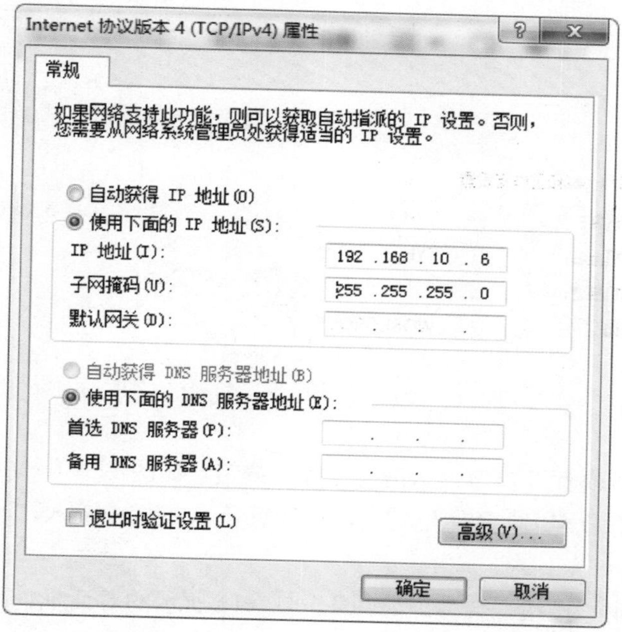

图 11—1—6 设置 IP 地址及子网掩码

图 11—1—7 "系统"选项

计算机名称、域和工作组设置

计算机名：	TYH	🛡更改设置
计算机全名：	TYH	
计算机描述：		
工作组：	WORKGROUP	

图 11—1—8 "计算机名、域和工作组设置"界面

3. 打开"系统属性"窗口，单击"更改"按钮，如图 11—1—9 所示。

4. 打开"计算机名/域更改"窗口，在计算机名一栏中输入"XiaoZhang"，如图 11—1—10 所示。

5. 单击"确定"按钮，会弹出如图 11—1—11 所示的对话框，再单击"确定"按钮，重启计算机，即完成了计算机名称的更改。

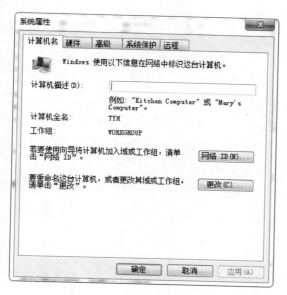

图 11—1—9 "系统属性"窗口

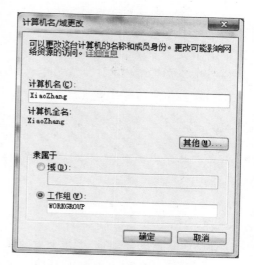

图 11—1—10 设置计算机名

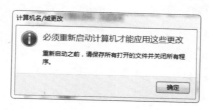

图 11—1—11 重启前确认

知识链接

1. IPv4 与 IPv6 及其区别

（1）IPv4 定义

目前的全球因特网所采用的协议族是 TCP/IP 协议族。IP 是 TCP/IP 协议族中网络层的协议，是 TCP/IP 协议族的核心协议。目前 IP 协议的版本号是 4（简称为 IPv4），发展至今已经使用了 30 多年。

IPv4 的地址位数为 32 位，也就是最多有 2 的 32 次方的计算机可以连到 Internet 上。

近十年来由于互联网的蓬勃发展，IP 地址的需求量越来越大，使得 IP 地址的发放越趋严格，各项资料显示全球 IPv4 地址已经短缺。

（2）IPv6 定义

IPv6 是下一版本的互联网协议，也可以说是下一代互联网的协议，它的提出最初是因为随着互联网的迅速发展，IPv4 定义的有限地址空间将被耗尽，地址空间的不足必将妨碍互联网的进一步发展。为了扩大地址空间，拟通过 IPv6 重新定义地址空间。IPv6 采用 128 位地址长度，几乎可以不受限制地提供地址。按保守方法估算 IPv6 实际可分配的地址，整个地球的每平方米面积上仍可分配 1 000 多个地址。在 IPv6 的设计过程中，除了一劳永逸地解决了地址短缺问题以外，还考虑了在 IPv4 中不好解决的其他问题，主要有端到端 IP 连接、服务质量（QoS）、安全性、多播、移动性、即插即用等。

（3）IPv6 相对 IPv4 的优势

1）更大的地址空间。IPv4 中规定 IP 地址长度为 32，即有 $2^{32}-1$ 个地址；而 IPv6 中 IP 地址的长度为 128，即有 $2^{128}-1$ 个地址。

2）更小的路由表。IPv6 的地址分配一开始就遵循聚类（Aggregation）的原则，这使得路由器能在路由表中用一条记录（Entry）表示一片子网，大大缩减了路由器中路由表的长度，提高了路由器转发数据包的速度。

3）增强的组播（Multicast）支持以及对流的支持（Flow-control）。这使得网络上的多媒体应用有了长足发展的机会，为服务质量（QoS）控制提供了良好的网络平台。

4）加入了对自动配置（Auto-configuration）的支持。这是对 DHCP 协议的改进和扩展，使得网络（尤其是局域网）的管理更加方便和快捷。

5）更高的安全性。使用 IPv6 网络的用户可以对网络层的数据进行加密并对 IP 报文进行校验，这极大地增强了网络安全性。

2. 子网掩码的作用

子网掩码是一个 32 位地址，是与 IP 地址结合使用的一种技术。它的主要作用有两个，一是用于屏蔽 IP 地址的一部分以区别网络标识和主机标识，并说明该 IP 地址是在局域网上，还是在远程网上；二是用于将一个大的 IP 网络划分为若干小的子网络。

 拓展练习

为计算机配置一个 A 类地址 10.10.0.34，它的子网掩码该设置为什么？

活动二 配置网关及 DNS 选项

活动背景

小张配置完了同事们的 IP 地址后，发现同事们不能上网了，于是就配置了一个 DNS 服务器，IP 是 192.168.10.200。

活动分析

1. 了解 DNS 的功能
2. 了解网关的作用

方法与步骤

1. 单击"开始"→"控制面板"→"网络和共享中心"→"更改适配器设置"，选中"本地连接"→点击"更改此连接的设置"→选中"Internet 协议版本 4（TCP/IPv4）属性"→单击"属性"按钮，如图 11—2—1 所示。

图 11—2—1 IP 属性信息

2. 在"默认网关"一栏中输入 192.168.10.200，在下方的"首选 DNS 服务器"

一栏中输入192.168.10.200,如图11—2—2所示。

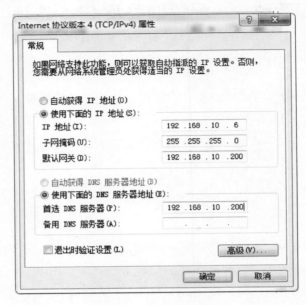

图11—2—2 设置网关及DNS服务器

3. 单击"确定"按钮,完成设置。

 **知识链接**

1. DNS 服务

DNS是域名系统(Domain Name System)的缩写,该系统用于命名组织到域层次结构中的计算机和网络服务。在Internet上域名与IP地址之间是一一对应的,域名虽然便于人们记忆,但机器之间只能互相认识IP地址,它们之间的转换工作称为域名解析,域名解析需要由专门的域名解析服务器来完成,这就是DNS域名解析服务器。DNS命名用于Internet等TCP/IP网络中,通过用户的名称查找计算机和服务。当用户在应用程序中输入DNS名称时,DNS服务可以将此名称解析为与之相关的其他信息,如IP地址。因为上网时输入的网址,是通过域名解析系统解析找到相对应的IP地址,这样才能上网。其实,域名的最终指向是IP地址。

2. 网关及其在网络中的作用

网关(Gateway)又称网间连接器、协议转换器。默认网关在网络层上以实现网络互联，是最复杂的网络互联设备，仅用于两个高层协议不同的网络互联。网关的结构也和路由器类似，不同的是互联层。网关既可以用于广域网互联，也可以用于局域网互联。由于历史原因，许多有关 TCP/IP 的文献曾经把网络层使用的路由器称为网关，在今天很多局域网都是采用路由器来接入网络，因此通常指的网关就是路由器的 IP。

 拓展练习

设置了主 DNS 服务器后，发现网页打开仍然出现域名解析的问题，怎样解决？

活动三　设置代理服务器

活动背景

小张在配置好所有同事的网络参数后，因领导要求规范公司员工的上网行为，增加公司内部网络的安全性，于是就架设了一个代理服务器，IP 为 192.168.10.200，使用 Sockets 套接字代理，端口号为 1080；Http 代理，端口号为 8080。

活动分析

一、活动计划

1. 了解代理服务器的功能及概念
2. 掌握常用上网软件代理服务器的设置

二、相关技能

1. 为浏览器设置 Http 代理服务器
2. 为浏览器设置 Sockets 代理服务器

方法与步骤

1. 单击"开始"菜单，打开"Internet Explorer"，如图 11—3—1 所示。

2. 点击"Internet Explorer"浏览器右上方的工具按钮 ，选择"Internet 选项"命令，如图 11—3—2 所示。

3. 打开"Internet 选项"窗口，转到"连接"选项卡，如图 11—3—3 所示。

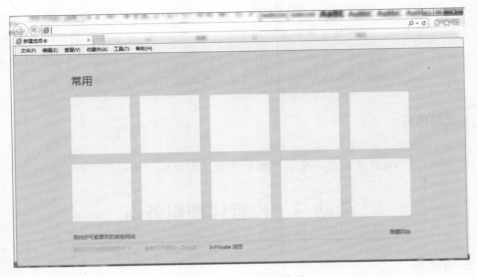

图 11—3—1 IE 浏览器

图 11—3—2 "Internet 选项"命令

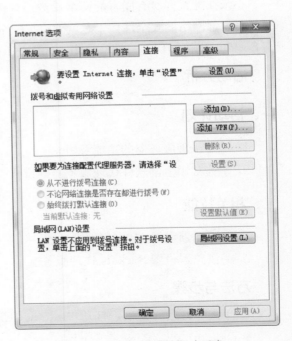

图 11—3—3 "连接"选项卡

4. 点击"局域网设置"按钮,打开"局域网(LAN)设置"窗口,如图 11—3—4 所示。

5. 在"代理服务器"选项下选中"为 LAN 使用代理服务器（这些设置不用于拨号或 VPN 连接）"选项，如图 11—3—5 所示。

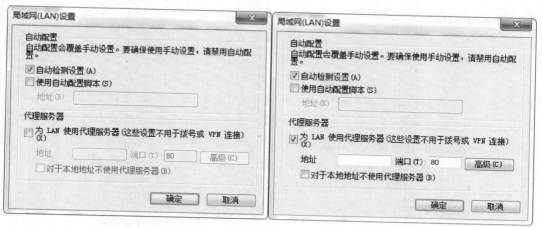

图 11—3—4　"局域网（LAN）设置"窗口　　　图 11—3—5　选中"为 LAN 使用
代理服务器"选项

6. 单击"高级"按钮，打开"代理设置"窗口，在"Http"一栏中输入"192.168.10.200"，端口里输入"8080"；在"套接字"一栏中输入"192.168.10.200"，端口里输入"1080"，如图 11—3—6 所示。

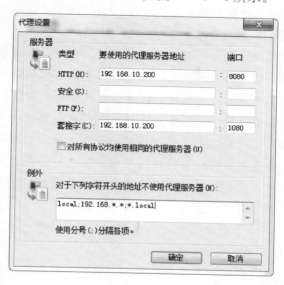

图 11—3—6　设置代理服务器

7. 单击"确定", 完成代理服务器的设置。

 **知识链接**

1. 代理服务器及其功能

代理服务器英文全称是 Proxy Server, 其功能就是代理网络用户去取得网络信息。形象地说, 它是网络信息的中转站。在一般情况下, 使用网络浏览器直接去连接其他 Internet 站点取得网络信息时, 是直接联系到目的站点服务器, 然后由目的站点服务器把信息传送回来。代理服务器是介于浏览器和 Web 服务器之间的另一台服务器, 有了它之后, 浏览器不是直接到 Web 服务器去取回网页而是向代理服务器发出请求, 信号会先送到代理服务器, 由代理服务器来取回浏览器所需要的信息并传送给浏览器。

大部分代理服务器都具有缓冲的功能, 就好像一个大的 Cache, 它有很大的存储空间, 它不断将新取得的数据存储到本机的存储器上, 如果浏览器所请求的数据在本机的存储器上已经存在而且是最新的, 那么就不重新从 Web 服务器取数据, 而直接将存储器上的数据传送给用户的浏览器, 这样就能显著提高浏览速度和效率。

更重要的是, 代理服务器是 Internet 链路级网关所提供的一种重要的安全功能, 它的工作主要在开放系统互联 (OSI) 模型的对话层, 从而起到防火墙的作用。

2. 代理服务器的类型

代理服务器的类型从传输协议上大致分为 Http 代理和 Sockets 代理两类。

3. 使用代理服务器上网的优点

在局域网中使用代理服务器, 可以作为防火墙。代理服务器可以保护局域网的安全, 对于使用代理服务器的局域网来说, 在外部看来只有代理服务器是可见的, 其他局域网的用户对外是不可见的, 代理服务器为局域网的安全起到了屏障的作用。

能加快对网络的浏览速度。代理服务器接收远程服务器提供的数据保存在自己的硬盘上, 如果有许多用户同时使用这一个代理服务器, 他们对因特网站点所有的要求都会经由这台代理服务器, 当有人访问过某一站点后, 所访问站点上的内容便会被保存在代理服务器的硬盘上, 如果下一次再有人访问这个站点, 这些内容便会直接从代理服务器中获取, 而不必再次连接远程服务器。

节省 IP 开销。使用代理服务器时, 所有用户对外只占用一个 IP, 所以不必租用过多的 IP 地址, 可降低网络的维护成本。

提高访问速度。通常代理服务器都设置一个较大的硬盘缓冲区, 当有外界的信息通过时, 同时也将其保存到缓冲区中, 当其他用户再访问相同的信息时, 则直接由缓冲区中取出信息传给用户，以提高访问速度。

 拓展练习

请为常用软件（QQ、迅雷等）设置代理服务器 192.168.100.251。

活动四　检测与排除网络设备故障

活动背景

一天小张接到电话，公司销售部门的计算机网络出现网络不通畅的情况，原因不明，要求小张及时过去解决，否则会直接影响他们的工作。小张接到电话后立即赶到销售科排除故障。

活动分析

1. 了解硬件故障排除的方法与步骤
2. 了解软件故障排除的方法

方法与步骤

一、硬件故障排除

1. 检查网卡是否正常工作。单击"开始"→"运行"，使用"cmd"命令打开"命令提示符"窗口，使用"ipconfig/all"命令，查看网卡信息，如图 11—4—1 所示。

使用"ping 127.0.0.1"看网卡是否正常工作，如图 11—4—2 所示。

2. 查看网络设备的接口，如水晶头的线序、制作工艺是否出错，如图 11—4—3所示。

T568A 线序（直通线）：　1　　2　　3　　4　　5　　6　　7　　8

　　　　　　　　　　　　　绿白　绿　橙白　蓝　蓝白　橙　棕白　棕

T568B 线序（交叉线）：　1　　2　　3　　4　　5　　6　　7　　8

　　　　　　　　　　　　　橙白　橙　绿白　蓝　蓝白　绿　棕白　棕

3. 检查网络连接是否正常。检查传输线路是否受到挤压、变形、折断等，如图11—4—4 所示。

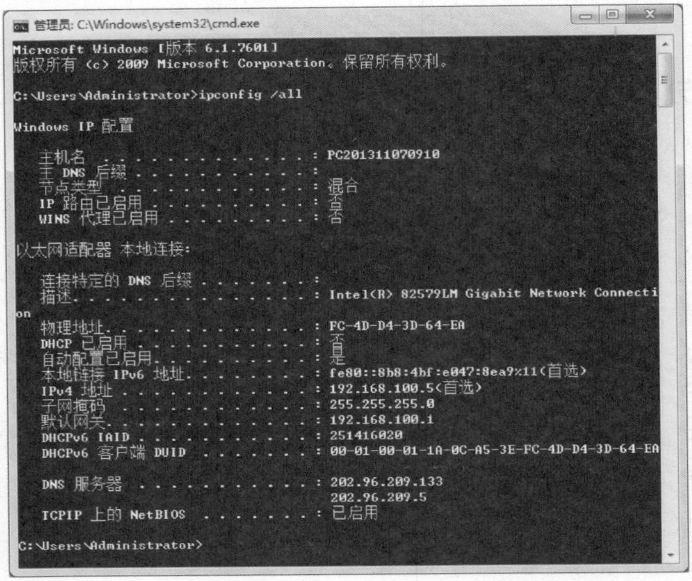

图 11—4—1　查看网卡信息

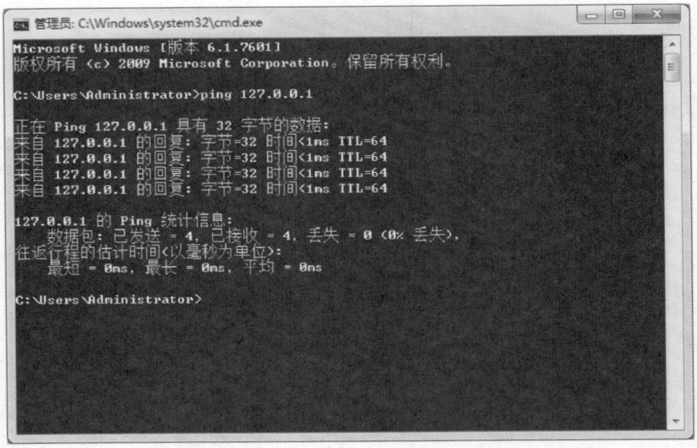

图 11—4—2　检查网卡是否正常工作

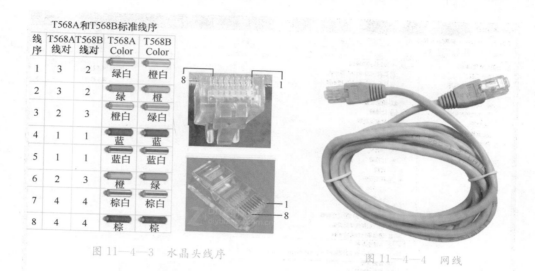

T568A和T568B标准线序

线序	T568A 线对	T568B 线对	T568A Color	T568B Color
1	3	2	绿白	橙白
2	3	2	绿	橙
3	2	3	橙白	绿白
4	1	1	蓝	蓝
5	1	1	蓝白	蓝白
6	2	3	橙	绿
7	4	4	棕白	棕白
8	4	4	棕	棕

图11—4—3　水晶头线序　　　　　　　　图11—4—4　网线

4. 查看网络汇聚层是否有异常。利用两台终端设备，使用"ping"命令，查看交换机、路由器等网络设备是否有故障或者有网络风暴，如图11—4—5所示。

图11—4—5　查看交换机、路由器是否有异常

二、软件故障排除

1. 查看网卡驱动是否安装。"我的电脑"→右键快捷菜单→"管理"→"设备管理器"→"网络适配器"，看是否有网卡驱动信息，如图11—4—6所示。

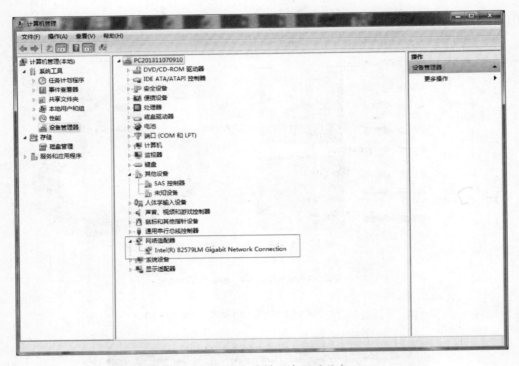

图 11—4—6　查看网卡驱动信息

2. 查看 Internet 协议属性。看 IP 地址是否填写，是否打错。"网络"→右键快捷菜单→"更改适配器设置"，如图 11—4—7 所示。

然后选择"本地连接"→右键快捷菜单→"属性"→选中"Internet 协议版本 4（TCP/IPv4）"→"属性"，如图 11—4—8 所示。

最后检查 IP 地址填写是否正确，如图 11—4—9 所示。

　知识链接

网络故障的分类

1. 按照网络故障不同性质划分为物理故障与逻辑故障

（1）物理故障

物理故障指的是设备或线路损坏、插头松动、线路受到严重电磁干扰等情况。如发现网络某条线路突然中断，首先用 ping 或 fping 检查线路在网管中心是否连通。ping 一般一次只能检测到一端到另一端的连通性，而不能一次检测一端到多端的连通性，

图 11—4—7　更改适配器设置

但 fping 一次就可以 ping 多个 IP 地址，比如 C 类的整个网段地址等。如果连续几次 ping 都出现"Requst time out"信息，表明网络不通。这时去检查端口插头是否松动，或者网络插头是否误接，这种情况经常是没有搞清楚插头规范或者没有弄清网络拓扑规划导致的。另一种情况，比如两个路由器 Router 直接连接，这时应该让一台路由器的出口连接另一台路由器的入口，而这台路由器的入口连接另一台路由器的出口才行。

（2）逻辑故障

逻辑故障中最常见的情况就是配置错误，就是指因为网络设备的配置原因而导致的网络异常或故障。配置错误可能是路由器端口参数设定有误，或路由器路由配置错误以至于路由循环或找不到远端地址，或者是路由掩码设置错误等。通常用路由跟踪程序即 traceroute，它和 ping 类似，最大的区别在于 traceroute 是把端到端的线路按线路所经过的路由器分成多段，然后以每段返回响应与延迟。如果发现在 traceroute 的结果中某一段之后两个 IP 地址循环出现，这时，一般就是线路远端把端口路由又指

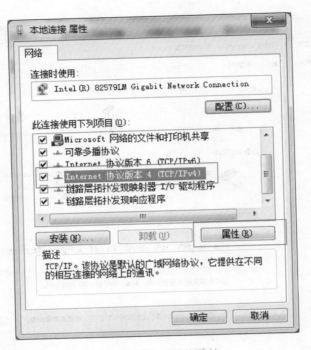

图 11—4—8 · 网络属性

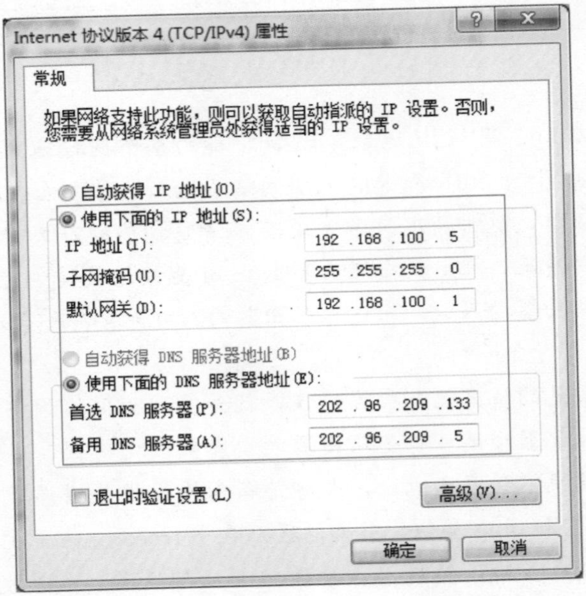

图 11—4—9 检查 IP 地址

向了线路近端，导致 IP 包在该线路上来回反复传递。traceroute 可以检测到哪个路由器之前都能正常响应，到哪个路由器就不能正常响应了。这时只需更改远端路由器端口配置，就能恢复线路正常了。

2. 网络故障的分类

网络故障根据故障的对象不同还可以划分为线路故障、路由故障和主机故障。

XIANGMUSHIER

项目十二 网络简单维护——
网络设备共享设置

引言

通过本项目的学习与操作，使学员学会添加本地打印机与共享打印机的设置，学会添加网络打印机和设置网络打印机。

活动一　添加本地打印机并共享打印机

活动背景

公司人事部新买了一台惠普 LaserJet Pro 400 color MFP M475dn 打印机，人事部小汪邀请小张前去帮他们设置共享打印。

活动分析

1. 添加本地打印机
2. 设置打印机共享

方法与步骤

1. 打开"控制面板"→选择"设备和打印机"，如图 12—1—1 所示。

调整计算机的设置

Adobe Gamma (32 位)	BitLocker 驱动器加密	Flash Player (32 位)	Internet 选项
Lenovo高清音频管理器	NVIDIA nView Desktop Manager	NVIDIA 控制面板	RemoteApp 和桌面连接
Windows CardSpace	Windows Defender	Windows Update	Windows 防火墙
备份和还原	操作中心	程序和功能	电话和调制解调器
电源选项	个性化	管理工具	恢复
家庭组	家长控制	键盘	默认程序
凭证管理器	轻松访问中心	区域和语言	任务栏和「开始」菜单
日期和时间	入门	设备管理器	设备和打印机
声音	鼠标	索引选项	通知区域图标 设备和打印机
同步中心	网络和共享中心	位置和其他传感器	文件夹选项 查看和管理设备
系统	显示	性能信息和工具	颜色管理
疑难解答	英特尔® 快速存储技术	用户帐户	邮件 (32 位)
语音识别	桌面小工具	自动播放	字体

图 12—1—1　选择"设备和打印机"

2. 单击"添加打印机"，选择"添加本地打印机"，如图 12—1—2 所示。

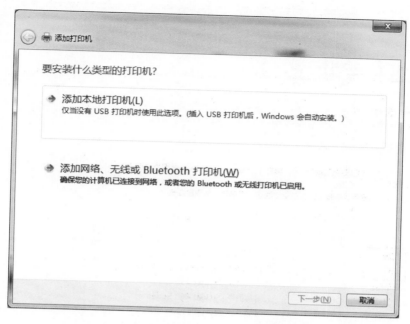

图 12—1—2　添加本地打印机

3. 如果计算机未添加过该打印机 IP 地址的端口，选择"创建新端口"并选择 "Standard TCP/IP Port"，然后点"下一步"。如果已添加过，则选择"使用以下端口"，并选择该打印机 IP 地址的端口，然后单击"下一步"。

4. 选择"厂商 HP"，一般新型号的打印机在列表中是找不到的，单击"从磁盘安装"，如图 12—1—3 所示。

5. 放入买打印机时附带的光盘，单击"浏览"，如图 12—1—4 所示。

6. 搜索到 HP 打印机的驱动程序后，单击"下一步"，如图 12—1—5 所示。

7. 默认选择"使用当前已安装的驱动程序（推荐）"，单击"下一步"，如图 12—1—6 所示。

8. 默认打印机名称（也可以自己修改打印机名称），单击"下一步"，安装打印机，如图 12—1—7 所示。

9. 在弹出的"打印机共享"界面中选择"共享此打印机以便网络中的其他用户可以找到并使用它"，然后单击"下一步"，如图 12—1—8 所示。

到此本地添加打印机和共享打印机设置就完成了。完成后可以打印测试页测试打印的状况。

图 12—1—3 "安装打印机驱动程序"界面

图 12—1—4 从磁盘安装

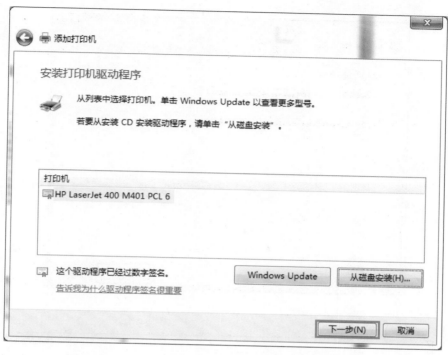

图 12—1—5 安装 HP 打印机驱动程序

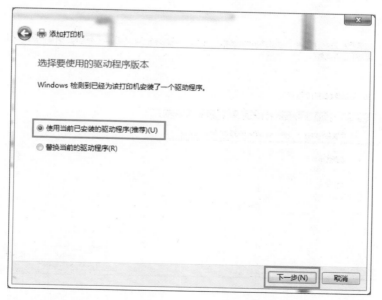

图 12—1—6 "选择要使用的驱动程序版本"界面

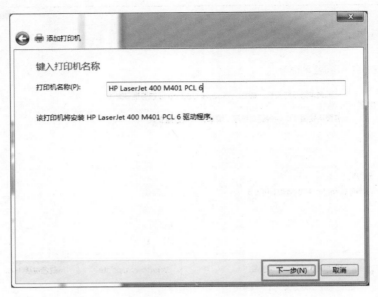

图 12—1—7　键入打印机名称

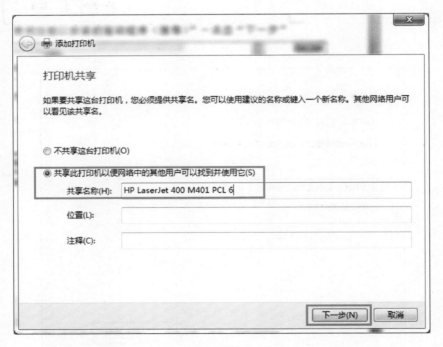

图 12—1—8　选择共享打印机

活动二　连接共享打印机

活动背景

公司人事部办公室共 4 个人，每人一台计算机，小张设置好新买的惠普 LaserJet Pro 400 color MFP M475dn 打印机后，其他三位员工要求共享这台新买的打印机。

活动分析

1. 了解共享打印机
2. 连接共享打印机

方法与步骤

1. 在局域网同一网段中，任意一台计算机设备均可以共享其中的网络打印机。打开"控制面板"，双击"设备和打印机"，如图 12—2—1 所示。

图 12—2—1　"调整计算机的设置"界面

2. 单击"添加打印机"，选择"添加网络、无线或者 Bluetooth 打印机"，单击"下一步"，如图 12—2—2 所示。

3. 选择"HP LaserJet 400 color WFP M475dn"，单击"下一步"，如图 12—2—3 所示。

这样通过网络添加打印机就完成了。

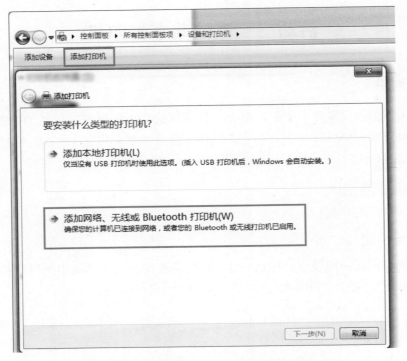

图 12—2—2　添加网络、无线或者 Bluetooth 打印机

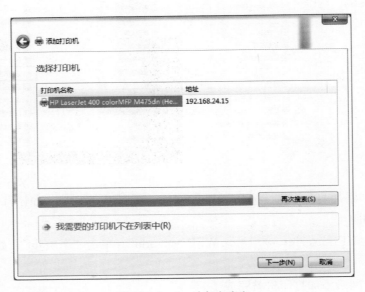

图 12—2—3　选择打印机

活动三　给打印机设置网络地址

活动背景

公司人事部新买了一台惠普 LaserJet Pro 400 color MFP M475dn 打印机，小张前去帮他们设置共享打印，使用了几天后，小汪感到在其他同事使用的时候很不方便，因为是他的计算机直接连接打印机，其他人打印时，他的计算机必须是开机状态，否则无法打印。小汪要小张帮忙解决如何在他的计算机不开机的情况下，其他人也能使用共享打印机。

活动分析

1. 如何实现网络共享打印

2. 如何设置打印机网络共享

方法与步骤

一、打印机设置

1. 在打印机上，单击"设置"菜单，如图 12—3—1 所示。

2. 移动右边上下滚动条，单击"网络设置"，如图 12—3—2 所示。

图 12—3—1 "设置"菜单

图 12—3—2 "网络设置"选项

3. 移动右边上下滚动条，选择"IPv4 配置方法"，如图 12—3—3 所示。

4. 单击"手动"，如图 12—3—4 所示。

5. 赋予打印机一个网络地址，如 192.168.024.034，单击"OK"，如图 12—3—5 所示。

这样打印机的设置完毕。

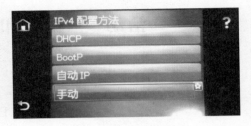

图 12—3—3 "IPv4 配置方法"选项   图 12—3—4 "手动"选项

二、通过添加网络地址，直接连接打印机

对在同一网段中的某台计算机进行设置。

1. 打开"控制面板"，选择"设备和打印机"，如图 12—3—6 所示。

图 12—3—5 设置网络地址

调整计算机的设置

Adobe Gamma (32 位)	BitLocker 驱动器加密	Flash Player (32 位)	Internet 选项
Lenovo高清晰音频管理器	NVIDIA nView Desktop Manager	NVIDIA 控制面板	RemoteApp 和桌面连接
Windows CardSpace	Windows Defender	Windows Update	Windows 防火墙
备份和还原	操作中心	程序和功能	电话和调制解调器
电源选项	个性化	管理工具	恢复
家庭组	家长控制	键盘	默认程序
凭据管理器	轻松访问中心	区域和语言	任务栏和「开始」菜单
日期和时间	入门	设备管理器	设备和打印机
声音	鼠标	索引选项	通知区域图标
同步中心	网络和共享中心	位置和其他传感器	文件夹选项
系统	显示	性能信息和工具	颜色管理
疑难解答	英特尔® 快速存储技术	用户账户	邮件 (32 位)
语音识别	桌面小工具	自动播放	字体

图 12—3—6 "调整计算机的设置"界面

2. 单击"添加打印机"，选择"添加网络、无线或 BlueTooth 打印机"，单击"下一步"，如图 12—3—7 所示。

3. 选择"HP LaserJet 400 M401dn"（特别注意网络地址是否是打印机网络地址），单击"下一步"，如图 12—3—8 所示。

这样通过设置网络打印机添加完成，同一网段的其他计算机也可以同样设置。

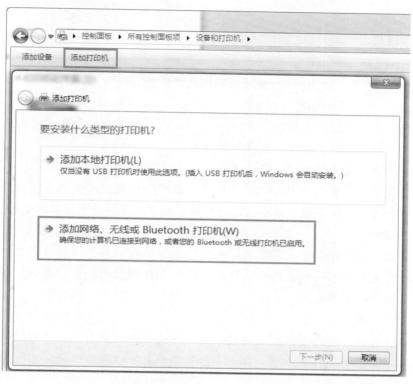

图 12—3—7　添加打印机

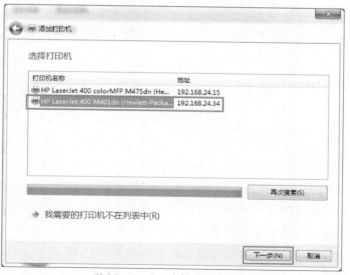

图 12—3—8　选择网络打印机

知识链接

网络打印的几大优势

1. 灵活方便，节省设备

由于使用网络打印技术后，多台计算机可以共享同一台打印机，它们在共享打印机基本打印性能的同时，也可以共享打印机的一些附加功能。

2. 方便管理，运行成本低

打印服务器自带管理方案，管理员可通过这些管理软件方便地管理打印机，此外大容量内存对用户文件管理等方面也比传统的打印方式有着非常明显的优势。

3. 工作更可靠

与原有的共享打印相比，网络打印的故障率极低，不需要中转计算机，不会因为该机器忙碌或死机而影响到其他连接到网络的计算机的打印任务。网络打印机直接连接网络，因此，通常不会死机或崩溃。

4. 打印位置更灵活

打印服务器在简单的小型、中型或大型企业网中都运用自如，可以通过网络集线器（HUB）挂在网络的任何位置，因而打印机的位置可以随心所欲。

5. 支持不同协议文件打印

打印服务器可以将不同协议的文件传送到一台打印机上进行打印，并且与网络操作系统相关，而原有的打印共享只允许多台计算机共享，不能使用不同协议的计算机同时输出至同一台打印共享设备。

拓展练习

使用网上邻居共享打印机

这种方法也是最简单的方法，双击"网上邻居"，找到打印机所在的那台计算机，就可以看见共享的打印机（前提是在连接打印机的计算机上先要共享打印机，否则无法看到），双击打印机，在弹出的对话框中，单击"是"，稍等片刻，打开自己计算机的控制面板，在打印机项目中就可以看见共享的打印机了。这种方法有个缺点，就是只能看到同一个网络内的共享打印机，如果公司或部门比较大，会出现跨网段的情况，通常不易通过这种方法添加成功，可以采用直接使用"\\ IP 地址 \ 地址"这种方法快速添加网络打印机。

模　拟　题

试　题　一

一、单机故障排除

1. 背景

小张公司某计算机在正常运行时发生断电事故，重新开机后，无法正常启动，计算机黑屏，并发出"一长两短"的警报声，主板所使用的为 AWARD BIOS。

2. 需求

（1）分析并简要叙述故障原因。

（2）排除故障。

3. 要求

完成以下所有操作：

（1）根据故障现象，分析并简要叙述故障原因（包括故障产生哪些现象，判断计算机排除故障的思路，如何排除故障）。

（2）完成故障的排除。

二、操作系统安装

1. 使用 U 盘安装 Windows 7 操作系统。

2. 对 Phoenix-Award BIOS 进行设置：屏蔽软驱，从 USB 启动计算机，在 DOS 环境下可以使用 USB 鼠标，并保存设置。

三、系统板卡驱动安装

1. 针对自己的计算机，使用计算机附带光盘进行硬件驱动安装。

2. 通过官方网站下载驱动人生软件，并自动识别设备及下载、安装驱动。

四、计算机病毒防治

1. 安装瑞星全功能安全软件，设置查杀类型为发现病毒时删除染毒文件，杀毒结束时退出。

2. 自己动手设置瑞星全功能安全软件，并设置瑞星防火墙的防护功能。

五、硬件性能检测

检测计算机的内存已使用的空间大小。

六、系统文件备份与还原

请查阅互联网相关资料，制作可启动 U 盘。

七、文件、资料备份与还原

请在 Microsoft Outlook 2010 中对联系人以文件名"联系人.pst"备份到 D 盘根目录下。

提示：请事先创建一些联系人。

八、系统工具使用

1. 定制名称为"定时关机"的计划，每周一至周五的 18：30，在计算机空闲时自动关闭计算机。

2. 禁用"Adobe Flash Player Updater"计划。

3. 在桌面上进行快捷菜单截图，以文件名"快捷菜单.jpg"保存在 D 盘根目录下。

九、网络设备连接

制作一根计算机与计算机直接互联的网线。

十、网络设备常用设置及应用

为了使自己的无线网络不被蹭网，除了使用密码外，还有什么设置可以确保无线网络的安全？

提示：可以利用路由器的 DHCP 功能来限制外来设备的接入。

十一、网络配置与故障排除

为计算机配置一个 A 类地址 10.10.0.34，它的子网掩码该怎样设置，为什么？

十二、网络设备共享设置

通过打印机数据线连接计算机，进行本地连接设置打印机，并打印测试页。

试 题 二

一、单机故障排除

1. 背景

某公司公关部小林出差两个月后上班，发现计算机无法正常启动，屏幕上显示"CMOS battery failed"错误信息，请解决故障。

2. 需求

（1）分析并简要叙述故障原因。

（2）排除故障。

3. 要求

完成以下所有操作：

（1）根据故障现象，分析并简要叙述故障原因（包括故障产生哪些现象，判断计算机排除故障的思路，如何排除故障）。

（2）完成故障的排除。

二、操作系统安装

1. 将 Windows XP 操作系统升级到 Windows 7 操作系统，并对 AMI BIOS 和 Phoenix BIOS 芯片组主板进行 BIOS 设置。

2. 对 AMI BIOS 进行设置：硬盘的写保护设定，关闭 USB 功能，关闭板载网卡功能，并保存设置。

三、系统板卡驱动安装

1. 将平时使用的数码相机连接到计算机上，并进行驱动安装。

2. 通过官方网站下载 360 驱动大师软件，并自动识别设备及下载、安装驱动。

四、计算机病毒防治

1. 安装瑞星全功能安全软件，设置查杀类型为发现病毒时删除染毒文件，杀毒结束时退出。

2. 自己动手设置瑞星全功能安全软件，并设置瑞星防火墙的防护功能。

3. 使用瑞星全功能安全软件，开启文件监控和邮件监控，设置不用对"C：\ pro-

gram files"文件夹进行监控,加固 IE 浏览器。

五、硬件性能检测

检测 CPU 的核心数目。

六、系统文件备份与还原

使用 GHOST 软件将整个硬盘备份为镜像文件。

七、文件、资料备份与还原

在 Microsoft Outlook 2010 中对任务以文件名"任务. pst"备份到 D 盘根目录中。

八、系统工具使用

1. 生成系统健康报告,并将报告以"系统健康报告 . html"命名保存到 D 盘根目录下。

2. 对"开始"菜单截图,以文件名"开始菜单 . gif"保存在 D 盘根目录下。

九、网络设备连接

为路由器 WAN 口配置一个静态的 IP 地址 192.168.27.32。

十、网络设备常用设置及应用

将路由器的 WAN 口模式修改为动态 IP。

十一、网络配置与故障排除

将本机 IP 地址设置为 192.168.10.3。

十二、网络设备共享设置

将打印机设置为网络打印机,并打印测试页。

试 题 三

一、单机故障排除

1. 背景

技术部小张收到一台故障机。打开机箱后发现 CPU 风扇没转，更换风扇后，开机发出"五短"报警声。

2. 需求

（1）分析并简要叙述故障原因。

（2）排除故障。

3. 要求

完成以下所有操作：

（1）根据故障现象，分析并简要叙述故障原因（包括故障产生哪些现象，判断计算机排除故障的思路，如何排除故障）。

（2）完成故障的排除。

二、操作系统安装

1. 在 Windows 7 中设置硬盘分区：D 盘 50 G，E 盘 80 G，其他空间分配给 H 盘。

2. 运用磁盘管理功能将 80 G 的 E 盘拆分成两个盘，E 盘和 F 盘，大小均为 40 G。

三、系统板卡驱动安装

通过官方网站下载 HP Deskjet 1510 一体机驱动，并安装。

四、计算机病毒防治

1. 自己动手设置金山杀毒的杀毒功能。

2. 自己动手设置金山卫士的防护功能。

3. 安装 360 杀毒软件，每周二 15：00 定时快速扫描查毒，查找 Office 文件中的宏病毒，将查到的宏病毒由用户处理，并把日志保存为"D：\ 宏病毒 .txt"。

五、硬件性能检测

检测硬盘的容量及相关分区情况。

六、系统文件备份与还原

使用 WIN7 的创建还原点进行系统还原。

七、文件、资料备份与还原

使用 WIN7 自带的备份工具，将当前用户账户的库进行备份，备份位置放在 D

盘上。

八、系统工具使用

1. 定制名为"友情提醒"的计划，每周一至周五 17：00，提示"下班时间到了!"。

2. 打开性能监视器，添加 Memory Cache Bytes 计数器，图表背景色为第 2 行第 3 列颜色，将设置以"MCB. gif"命名保存到 D 盘根目录下。

九、网络设备连接

修改无线路由器的 SSID 号为 XiaoWangJia。

十、网络设备常用设置及应用

设置路由器 WAN 口的 DNS 为 202.96.209.133。

十一、网络配置与故障排除

将本机的计算机名设置为 User。

十二、网络设备共享设置

将打印机 IP 地址设置为 192.168.10.28。

试 题 四

一、单机故障排除

1. 背景

门卫室老张换了台新计算机，开机后显示"Keyboard error or no keyboard present"故障信息，按键也没有反应，请解决问题。

2. 需求

（1）分析并简要叙述故障原因。

（2）排除故障。

3. 要求

完成以下所有操作：

（1）根据故障现象，分析并简要叙述故障原因（包括故障产生哪些现象，判断计算机排除故障的思路，如何排除故障）。

（2）完成故障的排除。

二、操作系统安装

运用磁盘管理功能将 F 盘进行隐藏。

三、系统板卡驱动安装

通过官方网站下载 Canon Digital IXUS 1000HS 数码相机驱动，并安装。

四、计算机病毒防治

1. 自己动手下载 360 杀毒和 360 安全卫士，并进行安装。

2. 自己动手设置 360 安全卫士的防护功能。

3. 设置 360 杀毒软件，每周五 16：00 定时快速扫描查毒，查找 Office 文件中的宏病毒，将查到的宏病毒由用户处理，并把日志保存为 "E：\ 宏病毒 . txt"。

五、硬件性能检测

检测计算机的网卡型号。

六、系统文件备份与还原

利用 GHOST 软件对计算机 E 盘进行备份，文件名为 "data. gho"，存放在 D 盘根目录下。

七、文件、资料备份与还原

在 Microsoft Outlook 2010 中对任务以文件名 "任务 . pst" 备份到 E 盘根目录下。

八、系统工具使用

打开性能监视器，添加 "Processor ％ C2 Time 0" 实例，图表背景色为第 2 行第 2 列颜色，将设置以 "监控 PC2. tsv" 命名保存到 D 盘根目录下。

九、网络设备连接

修改无线路由器的无线密码为 admin1234@＃＃＊。

十、网络设备常用设置及应用

修改路由器的管理员登录口令为 admin163。

十一、网络配置与故障排除

为本机添加三个 DNS 服务器：202.96.209.5、202.96.209.133、192.168.60.251。

十二、网络设备共享设置

将同网段上的计算机连接到网络打印机，并打印测试页。

试 题 五

一、单机故障排除

1. 背景

设计部小华的计算机升级，换了块主板后，计算机每次启动都出现"Press ESC to skip memory test"信息，并进行内存自检，虽然不影响计算机的正常使用，可小华觉得影响开机速度，请找到解决方法。

2. 需求

（1）分析并简要叙述原因。

（2）解决问题。

3. 要求

完成以下所有操作：

（1）根据信息内容，分析并简要叙述原因（分析信息内容，调整 BIOS 设置选项）。

（2）解决问题。

二、操作系统安装

运用磁盘管理功能将系统保留分区指定为 R 盘。

三、系统板卡驱动安装

通过官方网站下载 Canon MD 120 数码摄像机驱动，并安装。

四、计算机病毒防治

1. 安装 360 安全卫士，禁止 QQ 开机启动，设置每周五 15：00 清理垃圾，锁定 IE 主页为 www. baidu. com。

2. 使用 WIN7 自带的 Windows Defender 反间谍软件，设置每周五 20：00 扫描除 txt 外的所有文件，以及电子邮件。

五、硬件性能检测

检测 Windows 的版本信息。

六、系统文件备份与还原

利用 WIN7 自带备份工具对所有驱动器创建映像备份。

七、文件、资料备份与还原

在 Microsoft Outlook 2010 中对任务以文件名"任务. pst"备份到 D 盘根目录中。

八、系统工具使用

运行 WORD，并打开资源监视器，结束活动进程"Winword. exe"，并将其设置以"资源占用. ResmonCfg"命名保存到 E 盘根目录下。

九、网络设备连接

利用 Windows7 的网络检测工具检测无线网络运行情况。

十、网络设备常用设置及应用

修改路由器的 DHCP 地址池的范围为 192. 168. 100. 10—192. 168. 100. 30。

十一、网络配置与故障排除

为本机上网的浏览器设置套接字代理为 192. 168. 10. 251，端口为 1080。

十二、网络设备共享设置

通过"网上邻居"连接网络打印机。